ARCHITECTS INSIGHT

대전대학교 하모니홀

설계 프로세스에서
발견한
건축의 통찰력

사단법인 대한건축학회

FOREWORD

Architects Insight는 하나의 건축 작품을 건축가의 입장과 건축전문가들의 크리티컬을 통해 건축 작품의 디자인 철학, 프로세스 그리고 결과로 보이는 건축물에 대한 이해를 돕고자 하였다. 많은 건축 관련 저서나 작품집은 건축물의 사진 또는 건축가의 자의적이고 개인적인 견해를 담고 있어서 독자들의 이해를 외면한 책이라고 생각되었다. 그래서 이 책의 구성을 보면 건축가가 설명하는 글과 Critic의 내용이 같이 실려 있다. 각 장은 건축을 이해하는데 필수적인 건축디자인 단계별 요소로 나누어 건축물을 분석했다. 이 작품은 어떻게 구상했을까? 어떻게 프로그램과 대지의 조건을 맞춰서 공간과 형태를 설계했을까? 건축 형태와 디테일은 어떤 연관성을 가지고 있을까? 건축학생들과 일반인들이 궁금해 할 내용을 쉽게 이해할 수 있도록 엮어냈다.

건축 작품에 대한 깊이 있는 해설은 2017년도에 Architects Insight 1집 '도천 라일락집'을 시작으로 2018년에 2집 '구산동 도서관마을'을 이어서 출간하였다. 정재헌 건축가의 도천 라일락집은 2015년도에 서울시건축상 대상을 받은 작품으로 단독주택의 정석이라고 할 만큼 설계 단계에서 여러 요소와 재료를 잘 부각시켰다. 요란하지 않으면서 거주자의 감성과 시간의 작용을 배려하였고, 공간 구성과 재료의 물성까지 잘 표현했다. 2집의 구산동 도서관은 대한민국 공공건축상 대상에 선정된 작품으로 커뮤니티 시설의 설계로서 뿐만 아니라 기존 건축물을 창의적으로 재사용한 리모델링 사례작품으로서 두 가지 의미를 가졌다. 이런 작품들을 설계 단계의 요소들로 나누어 건축가의 디자인 철학뿐만 아니라 크리티컬들의 해설로 건축물들의 디자인적, 사회적 가치를 한층 더 깊게 설명하였다.

Architects Insight의 3번째 책은 대전대학교 기숙사 하모니홀로 정했다. 1집의 주택, 2집의 도서관에 이어 3집은 다중이용시설이면서 주거시설의 일종인 기숙사를 다루었다. 기숙사는 특별한 공동주택이다. 대학생이란 특수단체원을 대상을 위한 주거시설로 개별공간과 공동시설 등이 잘 어우러져야 하는 시설이다. 아파트는 개별성이 강해서 커뮤니티성을 다루지 않아도 성공적인 주거시설이지만 기숙사는 개인적 공간과 커뮤니티 공간의 조합이 중요한 시설이다. 요즘 사회적 이슈가 되고 있는 쉐어하우스(Share House)나 1인 주거유형에 대한 디자인 요소와 방법론을 충분히 담고 있어서 사례작품으로써 의미가 높다고 본다. 조민석 건축가의 이 작품은 이러한 측면뿐만 아니라 대지에 얹히는 방법, 구조 및 모듈러 계획 등 재미있는 요소들이 많은 작품이라 선택이 되었다. 이 작품은 건축가가 공간예술을 하는 엔지니어라고 불리는 이유를 잘 보여주는 사례라고 생각한다.

Architects Insight 시리즈를 통하여 우수한 건축물들을 발굴하여 건축설계 교육에 기여하는 것뿐만 아니라 건축에 대한 사회 전반적인 관심을 높여서 건축 선진국으로 발전하는 발판을 만드는 것이 저자들의 소망이다.

2020년 12월

정재용 홍익대학교 교수 | 대한건축학회 출판부 위원장

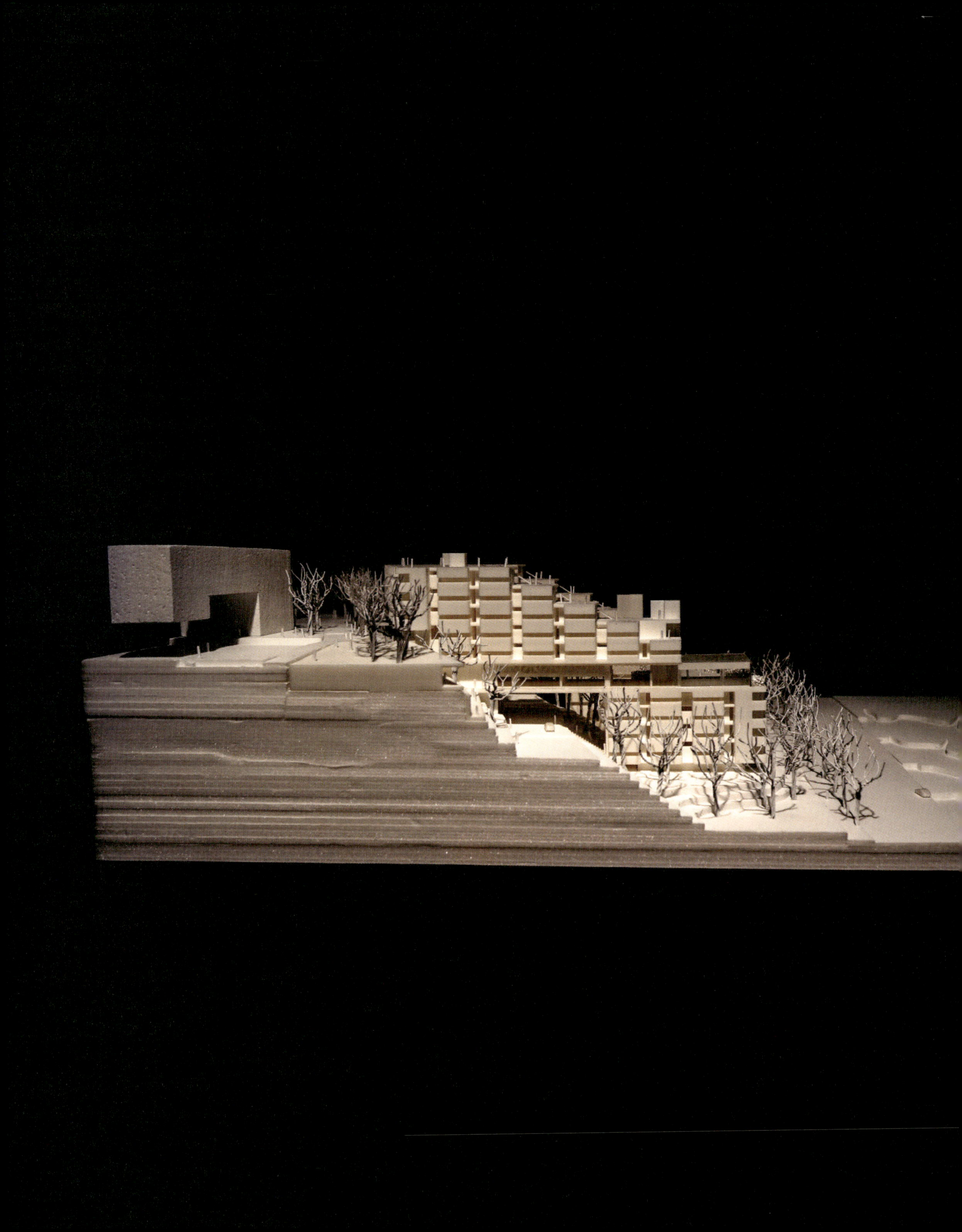

CONTENTS

SITE

계획 대지는 산지에 자리 잡은 대전대학교 캠퍼스 영역의 남동쪽 가장자리에 위치하며, 15,720㎡(약 4,756평)의 규모이다. 대지 서측에 접한 '걷고 싶은 거리', 벚꽃나무가 늘어선 보행로는 대전대학교 내의 상징적인 외부공간이다. 대지 서쪽 주변에는 4, 5층 높이의 기존 강의동들이 캠퍼스의 주 레벨이 되는 이 보행로를 따라 배치되어 있으며, 새로 지어지는 기숙사는 주변 건축물들과 조화를 이루도록 이 높이를 초과하지 않아야 했다. '걷고 싶은 거리'를 기준으로 대지 내부 동쪽 15m 아래 레벨에는 8m 도로가 관통하고 있으며 이 도로 동쪽 12m 아래는 전체 캠퍼스의 동측 경계가 되는 25m 폭의 외부 간선도로가 대지를 접하고 있다.

과제는 27m 레벨 차이를 가진 대지에 기존 캠퍼스와 조화를 이루면서, 대지 주변의 녹지와 자연경관을 최대한 유지하고, 자연과 함께하는 기숙사를 구성하는 것이다. 계획 대지 약 4,756평의 공간 프로그램 중 남측 약 2,636평에 600명을 수용하는 기숙사 '하트홀'을 '이로재'에서, 나머지 2,120평에 같은 규모의 '하모니홀'을 '매스스터디스'에서 동시에 각각 설계하였고, 이 두 기숙사는 전체 거주 학생 1,200명이 공유하는 다양한 시설들을 각각 분담한다. 또한 매스스터디스는 하트홀과 하모니홀 사이의 외부 연결공간 및 하부의 전체를 통합하는 기계실을 설계하였다.

기존 캠퍼스 및 동시에 계획된 하트홀과의 조화가 우선적 배려 사항이다. 여기에 대지가 가진 지형의 흐름을 따라 산세와 조화를 이루며 건축물을 구성하기에 있어, 주어진 대지 면적에 비해 요구된 높은 밀도는 커다란 도전이다. 이를 위해 설계 초기에 수많은 가능성들을 평면 배치계획과 단면을 통해 세심하게 탐구하였다. 대지 외부의 제약 조건들과 내부의 요구 사항들이 충돌하며 발생하는 공간적 변수들의 최적화 과정을 통해 귀결된 최종안은 주어진 대지의 형상과 지형이 고려된 평행사변형의 외부공간이 중심에 설정되면서, 이 주변에 산세를 따라 계단식 단면의 10층의 '테라스 중정형' 단일 건축물 건립이었다.

기초과학관
학생회관
창학관
응용과학관
공학관
벚꽃 산책로
차없는 거리 / 걷고 싶은 거리
하모니홀
8m 도로
하트홀
동부로

배치도

처음 이 건축물을 캠퍼스 쪽에서 접했을 때 건축물의 크기가 주변 건축물과 다르지 않아서 큰 인상을 주지 못했다. 가로수가 1층 앞에 늘어서 있어서 딱딱할 수 있는 검은색 벽돌 외관이 부드럽게 느껴졌다. 아마도 1층의 유리벽이 내부와의 연계성을 높여서 그렇게 보였을 것이다. 옆으로 가서 건축물 전체 모습이 눈에 들어오더라도 계단식으로 형태가 내려가는 것이 스케일을 축소해주는 것 같았다. 이 건축물이 얼마나 큰지는 캠퍼스 경계 쪽에서나 중간 도로에서 바라봤을 때 그 스케일을 느낄 수 있다. 따라서 캠퍼스 보행자 공간에서 휴먼스케일을 잘 모색했다.

건축물이 앉혀져 있는 사이트는 다양한 조건을 가지고 있어서 배치와 디자인에 많은 어려움과 도전을 주었을 것이다. 캠퍼스 외곽의 비탈진 사이트는 캠퍼스 경계 밖으로 자연경관을 조망할 수 있는 장점을 가지고 있지만 또한 건축물 자체가 자연과 어울려야 하는 책무도 주어졌다. 보행자 공간 쪽이 휴먼스케일이라면 외곽 쪽의 경관은 자연과 인공 환경이 만나는 접점을 잘 소화시켜야 했다. 이로재의 하트홀은 경계를 높은 성벽 같은 붉은 벽돌로 처리한 것과 달리 매스스터디스의 경관은 경사지의 경사를 따라 건축물을 계단식으로 형태를 잡았다. 또한 모듈화된 입면은 매스를 분절시켜 매스에 디테일을 부여했다. 모듈과 모듈 사이는 그림자와 햇빛을 받아 자연의 절벽에 나타날 수 있는 석재 느낌을 가미했다.

8m 도로에서 남측에 보이는 Student Hub

이 사이트가 갖고 있는 또 다른 어려움은 사이트 중간을 가로지르는 순환도로를 어떻게 해결하는가에 대한 고민이었을 것이다. 실제로 사이트는 둘로 나눠진 형태이다. 5층 공용공간 전체를 트러스(Truss) 구조로 띄워서 양쪽을 연결하였다. 유리로 마감된 이 투명한 공간은 양쪽의 기숙사동을 이어주는 공용공간임을 표현하여 매스 분절의 기회를 놓치지 않았다. 순환도로에서 건축물을 보면 중정이 시원하게 뚫려있고, 그 중정으로 들어오는 햇빛은 공간을 밝게 비춰준다. 도로 레벨 아래로 펼쳐지는 중정 바닥은 자연 비탈을 그대로 살린 것 같다. 그러나 사방이 기숙사로 둘러싸여 있어서 이 공간을 자연적으로 조성한 것의 의도를 알 수 없다. 이 공간을 학생들이 휴식할 수 있는 외부공간으로 꾸몄으면 이 도로도 학생들의 왕래를 통해 인간적인 장소로 만들 수 있지 않을까 생각해본다. 왠지 차량만 통과하는 버려진 공간이라 여겨져 아쉽다.

5, 6층 공용공간이 중심되어 학생들의 커뮤니티 생활이 발현할 수 있게 했다. 이곳에서는 외부의 다양한 조망을 할 수 있도록 커튼월(Glass Curtain Wall)로 마감을 하였다. 안과 밖이 잘 연계되는 것은 소통을 중시했다고 생각한다. 큰 공용공간부터 층마다 작은 공용공간, 그리고 계단식 형태가 주는 테라스 공간은 자연과 사람 그리고 사람과 사람 사이 소통공간의 다각적인 관계를 제공한다. 사이트를 해석하고 배치계획을 통해 어려움을 극복했을 뿐 아니라 적극 이용해서 Concept이 잘 드러날 수 있게 하였다.

PROGRAM

남서쪽 코너 뷰는 건물의 배치 논리에 의해 생성된 평면과 단면의 '계단식' 프로세스가 잘 드러난다.

대전대학교 제5생활관은 RC(Residential College) 프로그램의 일환으로 기숙사, 교육시설, 편의시설로 구성된다. 이 프로젝트는 대학교가 단순히 지식 전달과 수용을 위한 교육의 장소에서 진화해, 대학 구성원들이 생활 공동체의 '사회적 환경'을 통해 더 폭넓은 차원의 교육에 도달하고자 하는 목적을 가진다. 이에 어떠한 종류의 사회적 환경이 되어야 하는가, 이를 위해 건축이 어떻게 개입해야 하는가가 주 관심사이다.

실제로 설계 과정에서 생활/교육/편의를 위한 시설은 프라이버시를 보장하는 가장 작은 개인 공간에서부터 출발해 점진적으로 다양한 스케일의 공동체 공간으로 확장하면서 계획하였다. 우선 기능상으로 요구된 2, 4, 6인실의 거주공간, 소규모 공동공간, 층별로 위치하는 커뮤니티 라운지, 전체 건축물의 단면 중심에 배치한 Student Hub와 식당 등을 만족시키고, 부가적으로 개인과 공동체 사이에서 예기치 않은 다양한 규모와 종류의 사회적 체험이 내/외부공간에서 발생할 여지를 만들려 의도했다.

건축 프로그램으로서 기숙사는 주거와 커뮤니티라는 주제가 키워드이다. 주거에 있어서는 '최소 주거공간'이라는 개념이 무엇인가라는 의문을 가지게 하며, 커뮤니티에는 사적, 공적 공간을 넘나드는 매개적 커뮤니티 공간이라는 것이 무엇일까라는 질문을 던질 수 있다.
대전대학교 제5생활관에서도 '생활공동체'라는 주제와 '가장 작은 개인공간'이라는 개체에 집중하고 있으며 건축가는 여기에 '점진적 스케일'이라는 의미를 추가함으로써 다양한 건축공간을 창출하고 있다는 점이 매우 흥미롭다.

점층적 공동체

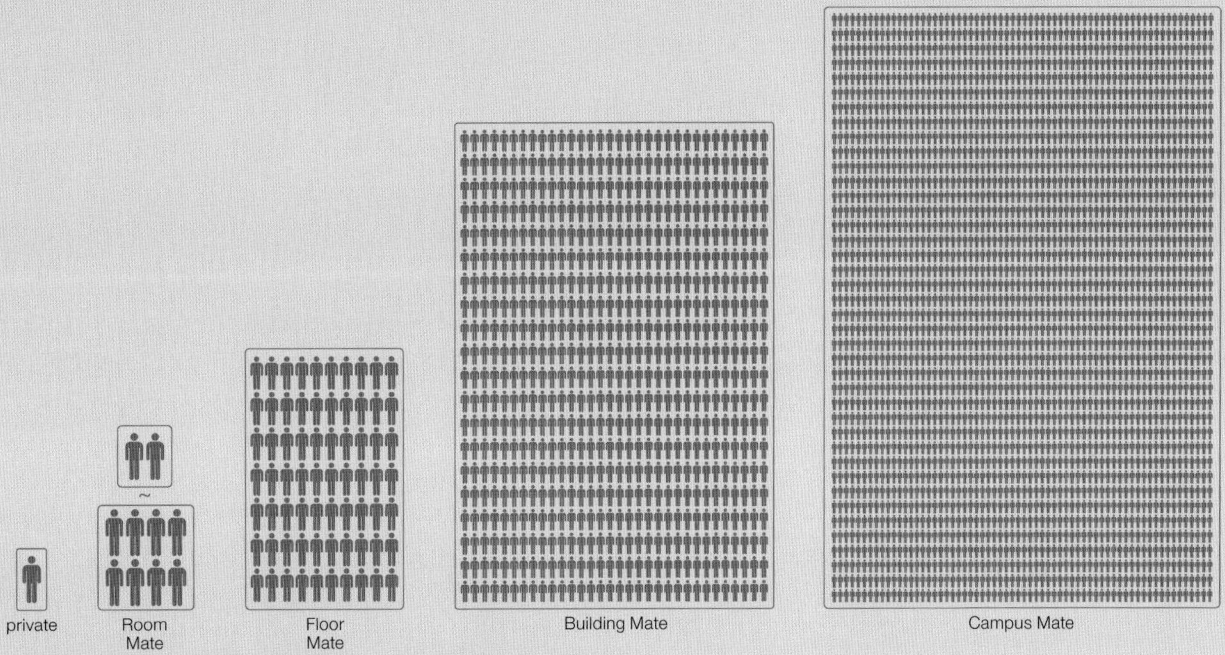

두 키워드를 구체적으로 살펴보면, 첫 번째 '점진적 생활공동체'는 작게는 2인실의 내부에서 출발하여 층별로 커뮤니티 라운지와 테라스, 그리고 최종적으로는 본 계획의 중심공간인 Student Hub에까지 확장된다. 최소 단위가 2인실이라는 면에서 본 기숙사의 기본체계는 공동사회라 하겠다. 그리고 건축가는 이 최소의 공동체 속에서도 수직공간을 이용해 각각의 레벨마다 채광과 환기를 위한 소규모의 개인창을 둠으로써 프라이빗한 공간을 확보할 수 있도록 하였다. 이제 최소 공동체 공간이라는 개념은 수평적으로 공동체 공간이 되며 수직적으로는 프라이빗한 공간이 된다.

이와 같이 구성된 최소 규모의 프라이빗하면서도 공동체적 공간은 층별로 병렬적으로 나열되며, 또 다른 공동체를 형성하는 과정에서 커뮤니티 라운지와 최소 규모의 주거공간 사이에 사이공간이라는 테라스를 마련, 커뮤니티 라운지보다 더욱 친밀한 공동체 공간을 확보하게 된다.

평행사변형 계획은 기숙사의 북쪽과 남쪽을 따라 직선 복도를 만들고 동쪽과 서쪽을 따라 계단식 복도를 만든다.
다양한 유형의 사이공간, 발코니 및 숨겨진 코너가 상호작용을 촉진하는 공간으로 만들어진다.

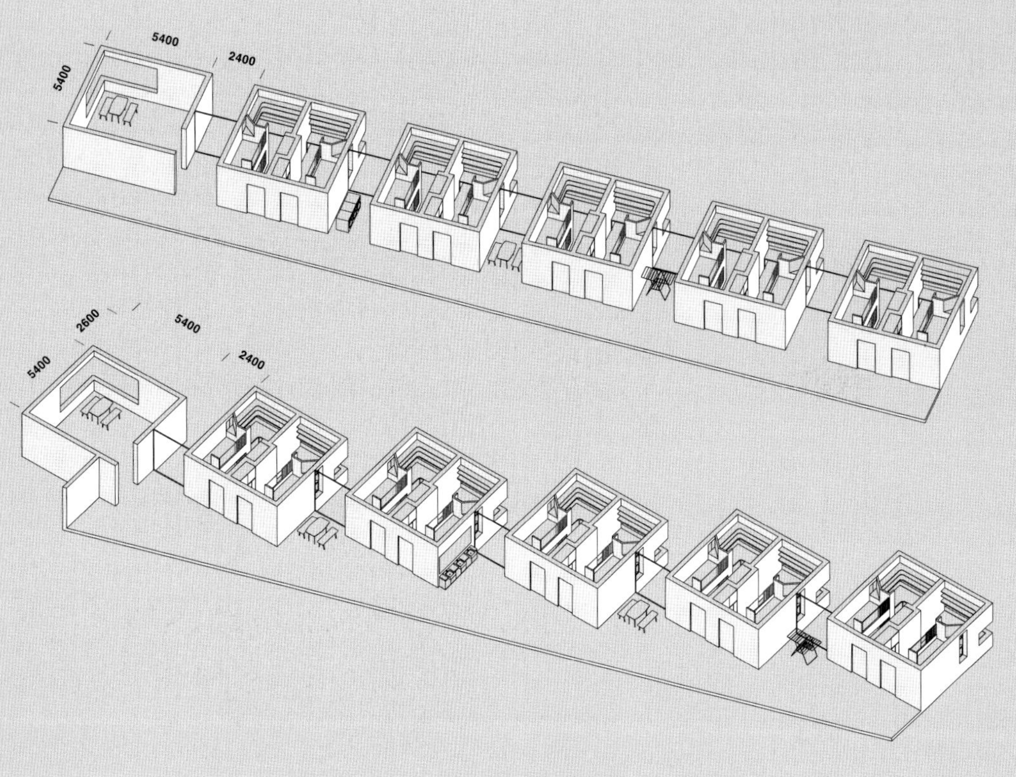

평면 3층

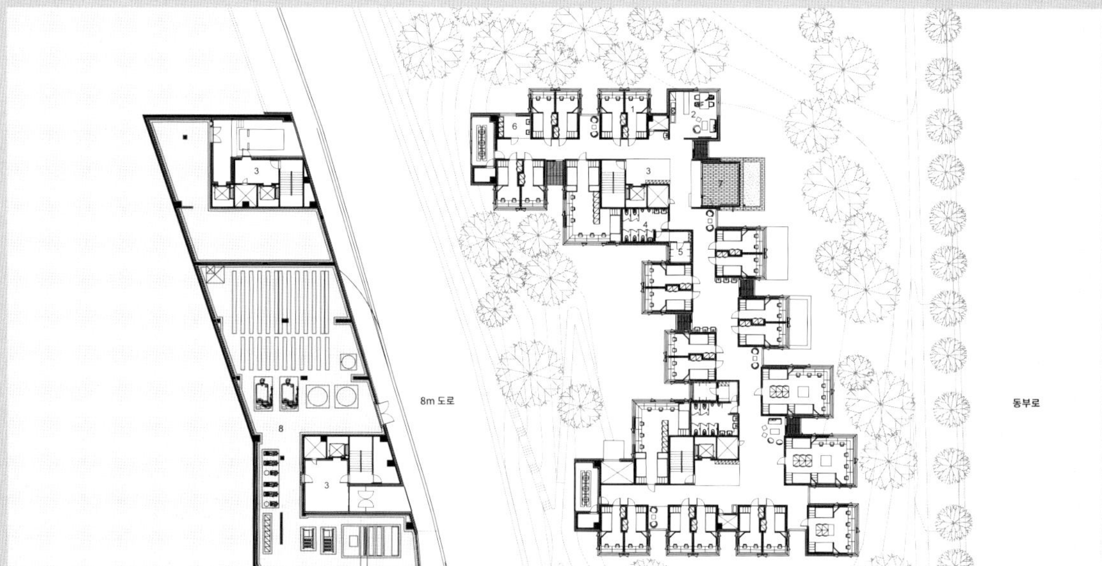

1. 개실
2. 커뮤니티 라운지
3. 홀
4. 화장실
5. 샤워실
6. 세탁실
7. 테라스

이러한 공동체 공간의 점층적인 구축은 5층과 6층에 마련된 Student Hub에 이르러 절정을 보인다. 여기서는 단순히 본동 기숙사만의 공동체적 공간을 넘어 인접한 기숙사와의 소통이 이루어지도록 하고 있다. 건축가는 사용자들이 본 프로젝트 절정의 프로그램에 상응하는 공간을 인식할 수 있도록, 건축 공간적으로도 하나의 넓은 무주공간(無柱空間 ; 기둥이 없는 공간)을 펼쳐 보이고 있다.

6층 식당

두 번째로 '최소의 개인공간'에 있어 건축가는 거주를 위한 최소면적의 개념보다 '소유'라는 측면에서 접근했다. 일반적으로 우리가 아는 기숙사의 최소공간은 바로 2인실이라는 실의 개념 그리고 그 실 속에서 거주하는 사람이 기능적으로 점유하는 공간으로서의 면적을 의미한다. 반면에 건축가는 개폐를 별도로 할 수 있는 소규모의 창을 수직으로 배치된 각 침대별로 둠으로써 개인의 방과 같은 아늑한 느낌을 누릴 수 있도록 하고 있다. 이는 바로 '나의 방'의 '내 유리창'이라는 '소유'의 관점을 통해 최소 1인을 위한 공간을 확보하고 있다. 여기서는 우리가 일반적으로 기숙사를 위한 최소 주거공간이라는 치수적 모듈개념은 사라지고 알바알토(Alvar Aalto) 건축에서 보여지는 1mm 이하의 모듈개념이 나타나는 듯하다.

5층 Student Hub

2인실 내 소유적 개념의 공간

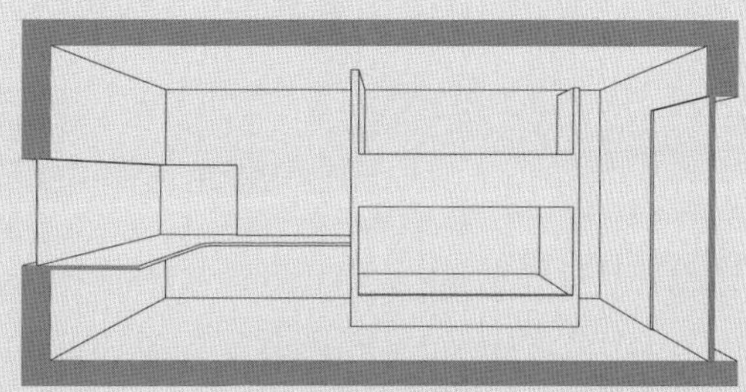

기본 2인실 계획

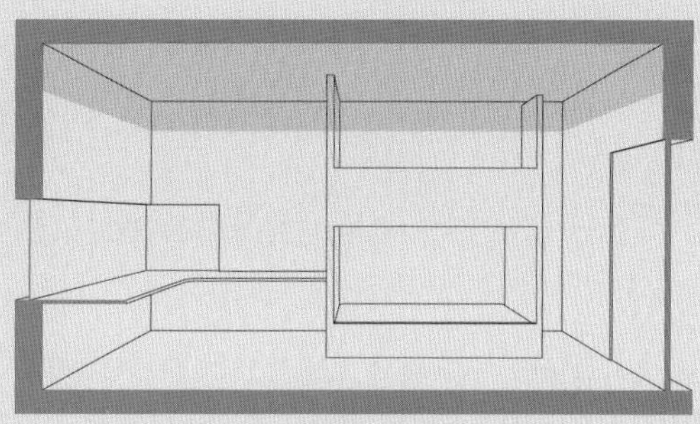

넉넉한 천장고 확보

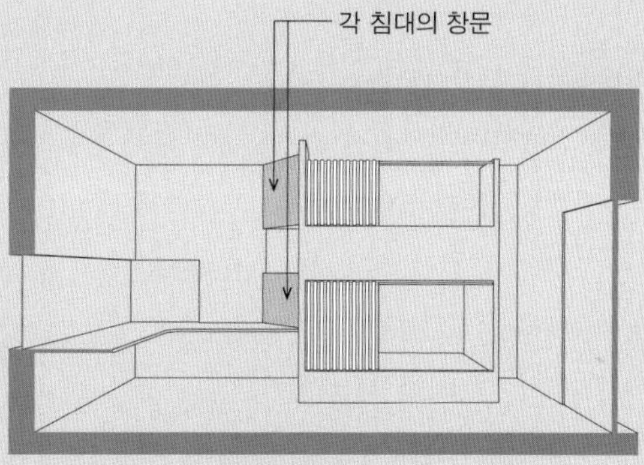

최소 단위 생활공간으로써의 취침공간에
환기와 채광을 위한 창문과 개인 프라이버시
보호를 위한 커튼 설치

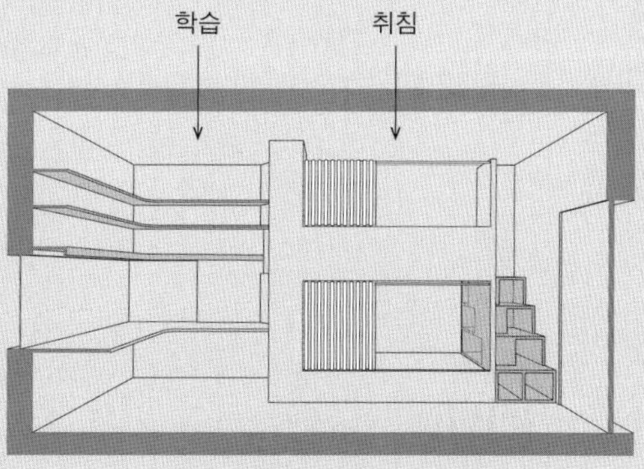

취침공간과 학습공간에 수납공간 확보

개인과 집단 사이의 다양한 스펙트럼

최소 사적 단위인 '개인'과 우연히 익명화된 개인들이 집적된 추상적인 '집단', 이 두 가지로 양분된 환경이 건강한 공동체를 이룰 수 없다. 이 공동체의 문제와 원인/결과적으로 상응하는 - 현재 한국에서 아파트로 대표되는 도시 집단 - 주거공간은 양극화된 공간이다. 그래서 현 주거공간 문화의 맥락에서 대전대가 기숙사를 통해 폭넓은 교육의 방식으로 채택, 확장한 생활공동체의 영위는 공간이 새롭게 다가설 수 있는 중요한 기회이다. 학생들이 이후 더 큰 공동체, 사회의 일원이 되기 이전에 한정적 기간이지만 일종의 예행(Rehearsed) 공동체의 일원으로서 접하게 되는 이 체험은 학생 개인의 특별한 관심사가 집단으로 확장될 수 있고, 동시에 집단의 공동 관심사가 개인으로 수렴될 수 있도록 정중함(Civility)을 가진 유연한 교류가 가능한 환경에서의 경험이다. 이 경험은 한 개인이 속한 다양한 종류와 크기의 공동체들과, 이를 지원하는 여러 종류의 친밀도(Intimacy)를 가진 환경에서 개인과 공동체 사이의 공간을 매개로 한 협상으로서 교육적인 큰 도구가 될 것이다.

이를 위해서 개인만을 위한 최소 단위의 사적 공간에서 출발하여, 룸메이트와 함께 하는 공간, 같은 화장실을 쓰는 소규모 집단의 공간, 플로어메이트(Floor Mate)라고 할 수 있는 같은 층에 함께 생활하는 집단의 공간, 같은 건축물을 쓰는 집단의 공간, 나아가서는 전체 대학 캠퍼스를 이루는 집단까지, 다양한 공동체를 위한 장의 연속성 안에서 하나의 일부가 되는 기숙사 환경을 상상했다. 여기에 '정중함'(Civility)을 기본으로 한 공동체 내부의 다양한 대화, 협력의 관계를 자연스럽게 촉진하기 위해 건축물에 설치한 공/사 기능의 중간적 장소들은 기능적 배치를 넘어 상호작용 개입의 여지가 생기도록 조직한다. 이를 통해 각 개인은 공동체의 일원으로 다양한 종류/규모의 집단들 사이(between)에서 유연하고 구체적이며 다양한 모습으로 공존할 수 있는 법을 터득한다.

돗자리를 펴고 숙제를 하는 모습
서울 아현동_1989
ⓒ 김기찬

INSIGHT

박종기

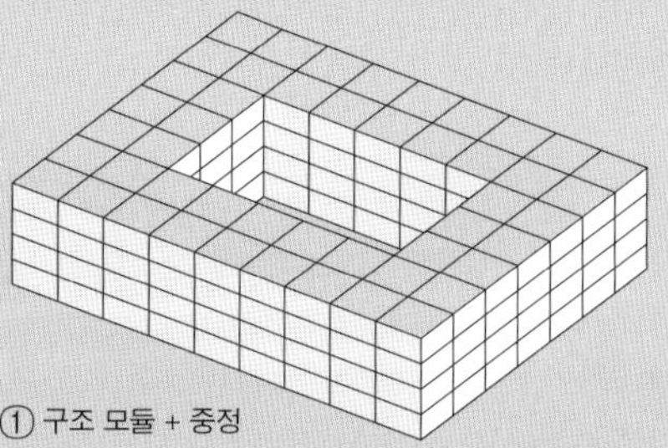

① 구조 모듈 + 중정

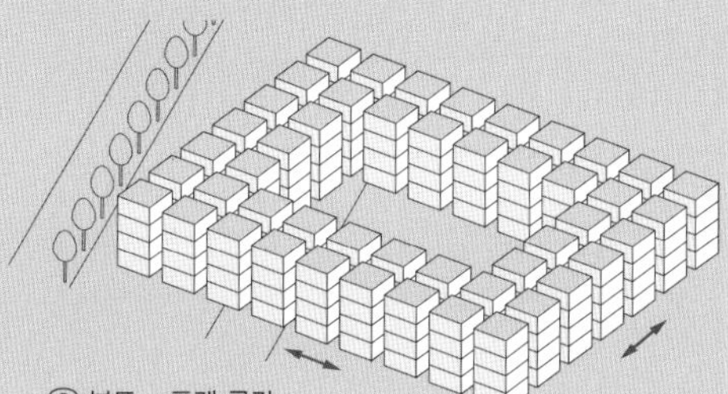

② 복도 + 포켓 공간

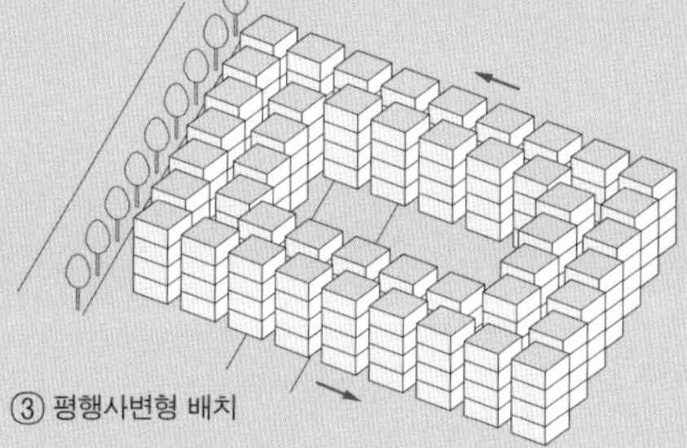

③ 평행사변형 배치

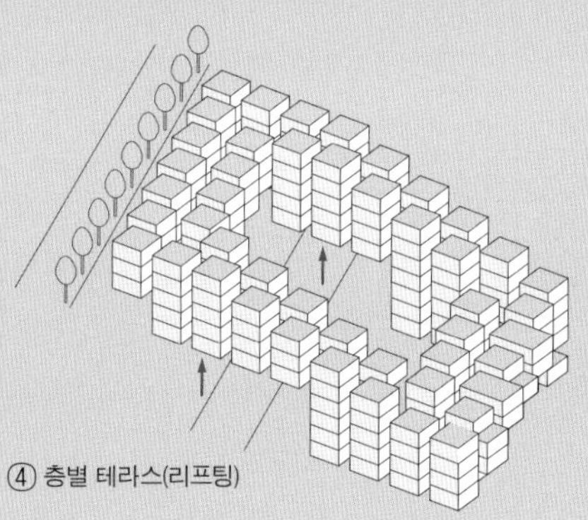

④ 층별 테라스(리프팅)

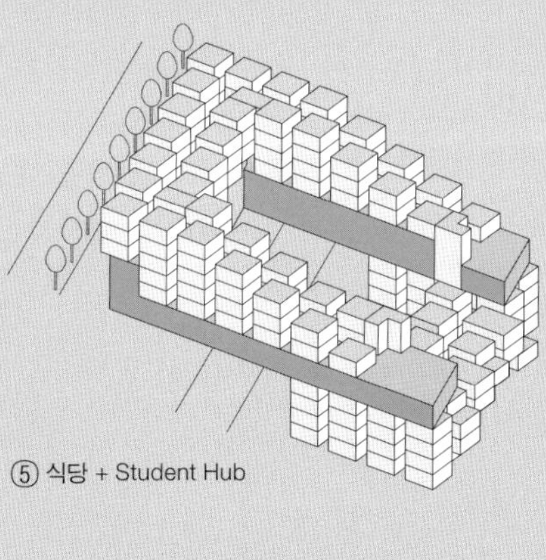

⑤ 식당 + Student Hub

픽셀화된 평행사변형_단면계획 Concept

대학생들에게 학교 기숙사라는 시설은 정겹고 익숙한 가정이라는 울타리에서 벗어나 성인으로서 독립된 생활을 시작하는 그들만의 공간이다. 기숙사에 머물게 된 까닭은 각기 다를 수 있으나 학생이라는 공통점 덕에, 이들은 사회적 가정의 일원처럼 서로 함께 지낼 수 있으며 함께 지내야만 한다. 사회적 가정의 일원이 되는 전제조건은 개인적 공간에 대한 생활과 프라이버시를 서로 지켜주고 배려하는 사회적 학습을 배우는 것이다. 학생들은 지극히 개인적인 "나의 방"을 떠나 완전히 개인적이지도 그렇다고 공적이지도 않은 새로운 "우리의 방"에서 생활한다. 같은 대학교 소속이라는 점만을 공유한 새로운 사람들과 함께 새로운 보금자리를 만들어 가야 한다.

픽셀화된 평행사변형_평면계획 Concept

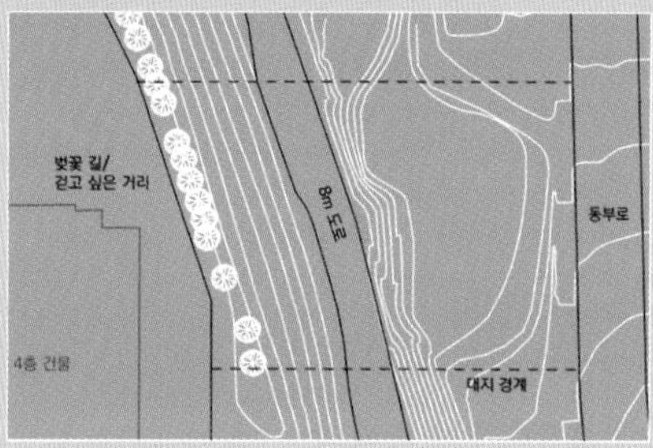

① 가파른 비탈지형인 대지

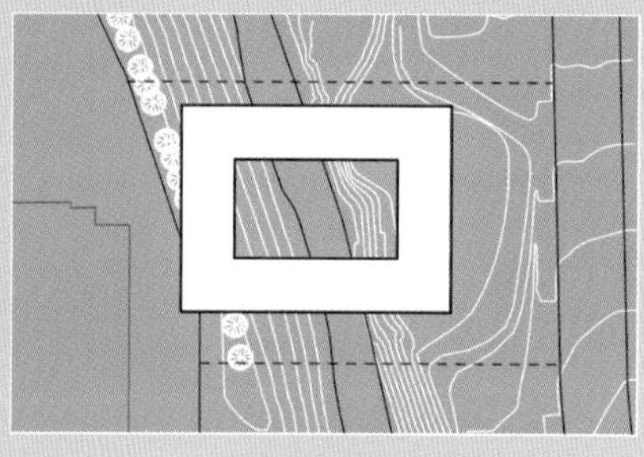

② 초기 직교 배치

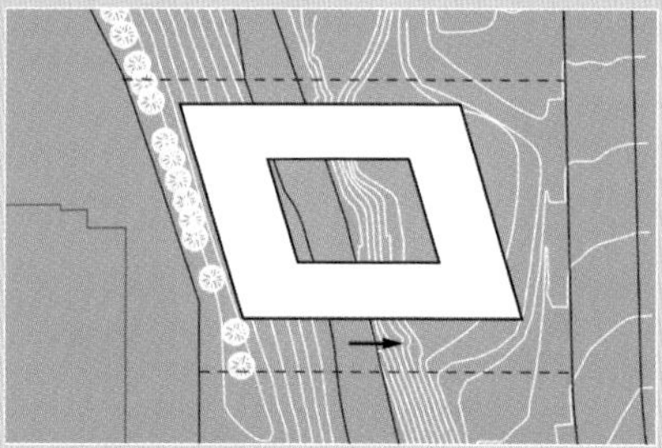

③ 기존 벚꽃나무와 캠퍼스 내 8m 도로를 보존하기 위한 평행사변형 배치

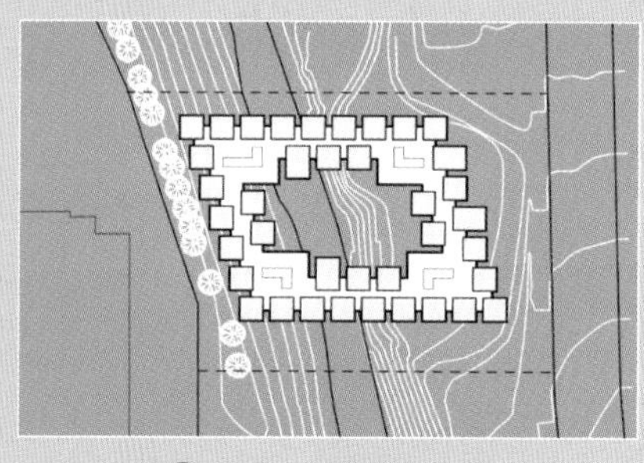

④ 단위 구조 모듈 논리 적용

서로 다른 환경 속에서 살아온 사람들이 같은 학교 학생이라는 공통점만을 공유하여 서로에게 새로운 존재로 다가와 함께 모여 사는 보금자리를 어떻게 만들 것인가? 주거라는 사적 공간과 학교시설이라는 교육적 공용공간을 어떻게 조화시켜 새로운 보금자리를 만들 것인가? 이 물음에 대한 해답을 건축가는 "달동네의 골목길"이라는 컨셉에서 찾았다.

대전대학교 기숙사 하모니홀에 담긴 "달동네의 골목길" 개념은 "Extraordinary(비범)"하지 않다. 건축가는 우리에게 너무나도 친숙한 골목길의 사회적, 물리적 기능을 담담하게 건축적으로 재해석하여 기숙사에 적용하고 있다. 건축가의 건축적 재능과 사유(思惟)에서 힘을 빼고(한 발 물러나)"Ordinary(평범)"하게 그리고 담담하게 골목길을 구현하였다. 평범함에서 비범함을 발견할 수 있다.

달동네와 골목길_서울 행촌동_1981 ⓒ 김기찬

달동네는 다닥다닥 붙어있는 작은 집들 사이사이를 가로지르는 골목길로 이루어져 있다.

"낮은 담벼락으로 골목길을 마주한 집도 있다."
"현관문을 지나 마당이 있고 대문을 열면 골목길로 나갈 수 있는 집도 있다."
"한 칸짜리 방에 현관문을 열면 바로 골목길이 나오는 집도 있다."
"화장실을 가려면 현관문을 열고 골목길로 나가 몇 발자국 밖을 걸어가야 하는 집도 있다."
"창 넘어 골목길을 지나가는 사람들의 발자국 소리가 소곤소곤 방으로 들리는 집도 있다."

이처럼 오밀조밀 다닥다닥 붙어있는 달동네 주거공간 배치의 속성을 건축가는 최소 사적 단위인 "개인"이 영위하는 공간으로 해석하고 있는 듯하다. 2인실을 기본으로 하는 5.4m x 5.4m의 정사각형 단위 RC 벽구조 모듈 공간은 기본 모듈로 시작하여 4, 6인실로 변주된다. 2, 4, 6인실로 확장되어 꾸며진 개인의 사적 공간은 2.4m의 간격을 두고 배치되어 있지만, 사이공간을 두고 방과 방이 연결된 사적 공간의 친밀성은 달동네의 집들처럼 오밀조밀하게 서로 밀접하게 놓여 있다.

계단식 '골목길' 복도에서 연장된 사이공간

복도와 인접한 여유로운 사이공간은 달동네의 작은 집들 사이사이를 가로지르는 골목길과 같은 기능을 한다. 복도에서 연장된 사이공간에 다양한 공용시설과 가구들을 배치하여 새로운 사람들과의 만남이 자연스럽게 이루어지며 새로운 보금자리를 서로가 만들어간다. 달동네의 좁은 골목길을 지나 마주친 작은 공터의 한 뼘 볕이 드는 곳에서 어김없이 쉬어갈 수 있는 벤치를 발견할 수 있듯이, 건축가는 복도의 사이공간에 통창과 소파를 계획하여 "개인"과 개인의 자연스러운 만남과 소통을 유도한다.

달동네 집 앞의 골목길은 집의 일부분이다. 누구나 지나갈 수 있으며 머물 수 있는 골목길, 이 골목길은 집 앞마당이 되기도 하며 화장실로 가는 통로가 되기도 한다. 이와 같이 골목길이라는 달동네의 공적인 공간은 때론 사적인 공간으로 전환되기도 한다. 즉, 달동네의 골목길은 사적 영역과 공적 영역의 경계가 모호한 지역이다. 사적인 공간인 기숙사의 방을 나서면 바로 복도를 마주치게 된다. 보통의 복도는 공적인 장소다. 그러나 대전대학교 기숙사 하모니홀의 복도와 사이공간은 완전히 공적인 장소가 아니다. 달동네의 골목길이 때론 사적 영역과 공적 영역의 경계를 허무는 모호한 공간으로 남아 있듯이, 복도와 사이공간은 사적 영역과 공적 영역의 경계를 허무며 기숙사 내부의 다양한 규정되지 않은 만남이 이루어지고 사회적 관계가 "이벤트"와 같이 형성되도록 유도하고 있다. 사적 영역과 공적 영역의 경계가 모호한 공간을 채우는 것은 학생들의 평범한 일상의 모습이다. 이러한 일상이 방과 복도 그리고 사이공간에 채워질 때에 삶의 진솔함이 묻어나게 된다. 곧 "기숙사"라는 물리적 공간의 모습은 인간의 일상적인 삶이 그곳에 녹아들 때 완성된다는 지극히 상식적인 사실을 인지하게 된다.

5.4m x 5.4m 기본 단위 구조 모듈

본 계획안의 출발점이 되는 5.4m x 5.4m의 정사각형 단위 RC 벽구조 모듈의 공간 안에 비구조벽으로 나뉜 두 개의 방이 포함되며, 각 방은 2인실을 기본으로 한다. 이 모듈은 기본 2인실과 함께 개실 각층마다 있는 커뮤니티 라운지에도 적용되고 4, 6인실로 변주한다.
각 정사각형 단위 모듈은 2.4m의 간격을 두고 배치된다. 복도와 인접한 여유로운 사이공간은 기존 대전대 기숙사에서 요구되었던 기본 2인실 면적을 줄여 외부 복도공간으로 포함시킨 것이다. 이렇게 할 수 있었던 것은 기존 2인실에 요구된 두 개의 침대를 2층 침대로 바꾸어 단위 유닛의 평면 크기를 줄인 까닭이다.
일반적인 기숙사 개실 층의 복도공간은 최소한의 폭으로 통로 기능을 하는 것일 뿐, 실질적인 사회적 교류를 기대할 머물 수 있는 공간이 없다. 여기서는 복도에서 연장되는 곳곳의 사이공간에 다양한 공용시설, 가구들을 배치하면서 복도라기보다는 하나의 거실로서 다양하게 이용된다. 결과적으로, 단위 모듈 설정을 통해 계획된 사이공간의 면적은 기숙사 전체 8개 층에 총 829㎡(각 층 평균 103.7㎡)이다.

2인실 계획

일반적인 대학 기숙사의 2인실 공간은 하나의 방에 두 개의 침대와 두 개의 책상이 놓여있는 형태, 즉 취침과 학습공간이 함께 한다. 하모니홀의 2인실 기본 구성은 작은 단위 공간이지만 취침공간과 학습공간으로 분리된다. 두 별개의 영역을 계획함에 있어서, 최소 단위 생활공간으로 설득력 있는 학습공간과 취침공간을 마련하기 위한 몇 가지 프로세스를 진행하였다.

첫 번째로 2.9m의 넉넉한 천정고로 계획하여 2층 침대이지만 'Mini Loft'라 부를 수 있는 각 취침공간의 높이를 여유 있게 하였고, 취침공간 머리맡 옆에 환기와 채광이 가능한 작은 창문을 두었다. 추가로 프라이버시를 위한 커튼과 수납공간을 계획하고, 각 창문 옆에 조명을 설치하여 완벽한 사적 공간으로서 기능할 수 있게 하였다. 일반적으로 2층 침대에 주로 쓰이는 사다리 대신, 수납공간으로도 기능하는 계단을 두었다. 또한 학습공간은 코너 창가에 면해 L 자 책상의 두 면에 각각 환기창을 두었다. 이 창 위에는 3단 책장을 배치하였다.

일반적으로 기숙사 2인실에는 하나의 큰 창문을 두게 된다. 대신 여기서는 각 책상, 각 침대마다 하나씩 작은 창문을 내어서 총 4개의 창들이 2인실 곳곳에 배치했다. 이를 통해 환기, 채광을 가변적으로 하고, 같은 공간을 공유하는 2인이 적절히 개인을 위한 사적 환경, 영역을 만들 수 있는 장치가 되면서, 동시에 룸메이트 사이의 공간적 협상, 협조가 다양해질 수 있다.

저층부 계단식 복도에서 바라본 뷰 : 코너마다 다양한 커뮤니티 장소를 배려하여 흥미로운 동선을 연출한다.

2인실 - 취침장소와 학습장소의 분리

픽셀화된 평행사변형

평면: 기본 단위 구조 모듈을 설정한 뒤 먼저 수평적 평면 배치에 대한 탐구를 진행하였다. 건축물 볼륨에 비해 작은 대지의 제약 조건은 단위 모듈이 중복도로 연결된 중정형 구성이 적절한 방향으로 우선 설정된다. 여기에 '걷고 싶은 거리'를 따라 기존하는 벚나무들은 대학의 상징적인 경관이기에 유지해야 한다. 이 벚나무 길과 평행하게 흐르는 대지 내부의 등고선 방향, 또한 하부에 가로지르는 기존 도로의 방향은 기숙사의 평면을 직교 체계의 ㅁ자 중정이 아닌 평행사변형 형태의 중정으로 만든다. 지형의 평면 논리에 순응하며 단위 모듈을 평행사변형으로 배열, 구성한다.

단면: 평면의 배열은 27m의 고저 차를 따라 들어올려져 지형의 단면 논리와 함께 하는 테라스를 형성한다. 여기서 공용공간인 Student Hub와 식당은 10층 건축물 단면의 중심인 5, 6층에 놓여 남녀 기숙사의 중심에서 효과적으로 분리해 주면서, 기숙사 학생들은 물론 다른 교내 학생들 접근도 용이한 공동장소로 기능한다.

'걷고 싶은 거리' 에서 보이는 6층 식당 뷰

Student Hub와 식당

5층과 6층에 각각 Student Hub와 식당을 설계했다. Student Hub는 인접한 하트홀의 기타 공동시설과 연계되어 활발한 학생 자치생활의 중심시설 역할을 한다. 중정을 중심으로 한 'ㄷ'자 구성의 이 구역은 서측, 북측에 Seminar Room과 남측에 Study Lounge가 배치되고, 휴게실, 카페가 배치된 'ㄷ'자의 동측 양단은 동측의 공동 테라스와 연결된다.

결과적으로 이 테라스는 5층 Student Hub 층을 내/외부공간으로 'ㅁ'자의 순환 동선 체계로 완성하는 유일한 층이다(이 층의 하부는 서측으로 열린 ㄷ자 형태의 평면이고, 상부는 동측으로 열린 ㄷ자 형태의 평면이다). 구조적으로는 미래에 변화하는 기능상의 요구에 부합하도록 네 개의 21m-23.5m의 장 스팬 Truss에 의해 상부 기숙사를 지지하며, Student Hub층의 Slab는 Tension Rod로 매달리는 구조로써 공간의 융통성을 최대화하였다.

6층의 서측에 위치한 식당은 7층 레벨의 '걷고 싶은 거리'에서 내려다 보이며 건축물 내부공간 중 캠퍼스 전체에게 가장 개방된 시설이다. 식당 내부 서측은 '걷고 싶은 거리'의 벚나무를 바라보고 동시에 동측은 중정 숲, 아래층 Student Hub의 테라스를 관통해서 동측 산의 풍경을 액자처럼 담는 역할을 한다. 식당의 서측과 동측에는 Sunken 공간과 테라스를 두어 식당 주변 외부공간의 활용도를 극대화하였다. 평행사변형 평면 형태의 중앙은 세 개의 27.5m 장 스팬 Truss 구조에 의한 두 개 층 높이의 무주공간(無柱空間 ; 기둥이 없는 공간)으로서, 융통성 있게 식사 기능 이외의 다양한 이벤트가 가능한 캠퍼스에서 가장 공적이며 상징적인 장소가 될 것이다. 식당은 서측 볼륨에서 남측, 북측의 장방향 공간으로 확장되어 중정을 감싸는 'ㄷ'자 구성을 하게 되며, 두 장방향 구역은 일상생활 중 식사 이외의 시간에 다양한 중, 소규모 모임의 장소로 활용할 수 있는 선형 영역이다.

6층 식당

루비 부부(Ilka & Andreas Ruby, 2009)는 조민석 건축가가 2009년 전까지 설계한 작품을 "From HAB to Habitat"의 관점에서 분석했다. 여기서 'HAB'은 힐버자이머의 아파트 건축물(Hilberseimer Apartment Building)의 약자이며, 특히 그가 1924년에 발표한 '고층건축물도시(High-rise City)'는 이 HAB의 전형을 보여준다. 여기서 그는 일률적인 판상 형태의 고층건축물들을 일정한 간격으로 줄지어 배치했고, 사람들은 고가 형태의 보행로로, 자동차는 건축물의 저층부에 있는 도로로 다니도록 분리 계획했다. 이런 획일적인 기능을 중시하는 도시설계 유형은 한국 근대 도시건축에도 막강한 영향을 미쳤고, 대표적인 사례로 김수근의 세운상가(1968)를 들 수 있다. 그 이후에도 특히 한국의 판상형 아파트 단지는 무수히 생겨났다. 이러한 한국의 삭막한 도시상황을 극복하기 위한 전략으로 조민석은 건축설계에서 영역적인(Territorial), 유형적인(Typological), 프로그램적인(Programmatic), 재현적인(Representational) 차별화(Differentiation)를 꾀하고 있다고 루비 부부는 말했다.

이런 네 단계의 차별화 방법을 대전대 기숙사 설계 프로세스에도 적용해 볼 수 있다. 루비 부부는 토지적인 차별화를 제일 먼저 이야기했으나, 대전대학교 기숙사 하모니홀의 경우에는 건축가가 앞서 설명했듯이 기숙사의 기본 유닛(Unit)인 유형을 차별화하는 시도에서부터 출발한다.

대전대학교 기숙사 하모니홀 설계 프로세스 분석

첫째, 유형적인 차별화(Typological Differentiation)란 박스형 밀폐된 외관으로 된 HAB의 유형학적 단점을 체계적으로 개선하기 위해 건축의 폐쇄형 볼륨에서 개구부를 잘라 넣고, 보이드 공간을 파내는 시도를 말한다. 이런 식으로 건축가는 건축물 내부공간과 외부공간을 연결하여 주거공간을 기능적으로, 환경적으로 향상시켰다. 하모니홀 기본 유닛인 2인실의 설계개념도 소위 HAB 유형이라 할 수 있는 유닛이 규칙적으로 배열된 대전대학교 기존 기숙사 평면을 비판하는 것에서 시작했다. 건축가는 우선 평면상으로 넓게 놓인 2개의 침대를 2단 수직형태로 모으고, 여기서 생긴 공간을 내/외부를 연결하는 Void 공간으로 활용했다. 이런 2.4m의 사이공간으로 HAB의 밀폐된 외벽을 뚫고 외기에 접할 수 있는 길어진 외벽 면에 책상용 코너 창과 침대용 빗면 창을 두어 환기와 채광 면을 개인적으로 소유할 수 있는 영역을 마련했다.

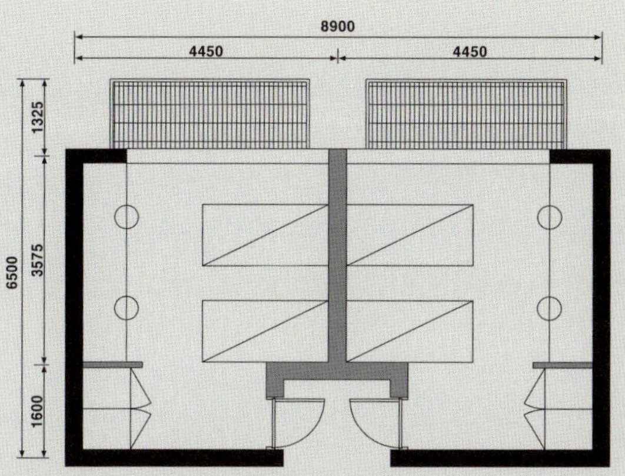

전형적인 기숙사 2인실 유닛

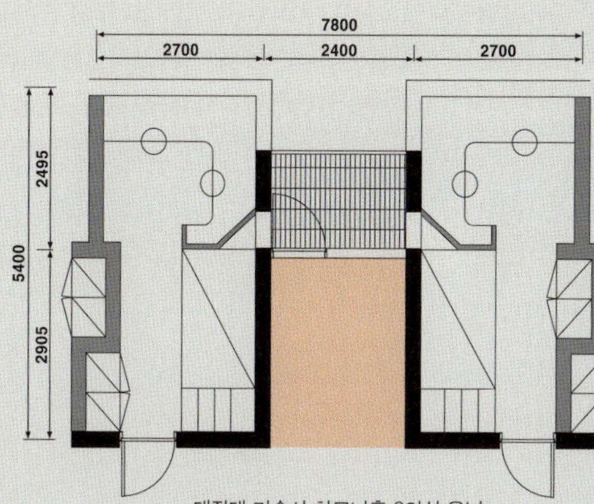

대전대 기숙사 하모니홀 2인실 유닛

둘째, 프로그램적 차별화(Programmatic Differentiation)는 유형적인 차별화로 생긴 공간을 활용하여 HAB의 단순 기능에서 벗어나는 것을 의미한다. 하모니홀 2.4m 폭의 채광이 되는 사이공간은 기존 기숙사에서는 없었던 새로운 장소이며, 여기에서 학생들은 새로운 라이프 스타일을 추구할 수 있는 다양한 프로그램을 담을 여지를 갖게 되었다. 또한 기숙 학생들은 내부 실에서도 유형적인 차별화로 생긴 긴 외벽 면에 책상 창과 특이한 침대 창을 개인적으로 소유하게 되어, 전체적으로는 2인실이지만 그 안에서 각자 소소한 취미를 누릴 수 있는 아늑한 공간을 얻었다.

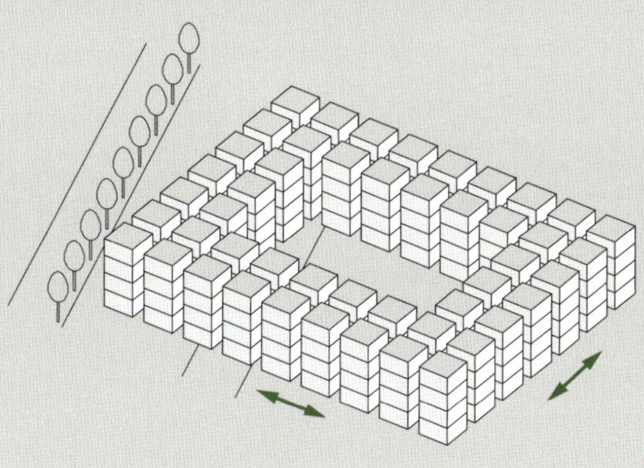

중정을 둘러싼 유닛의 기계적 배치

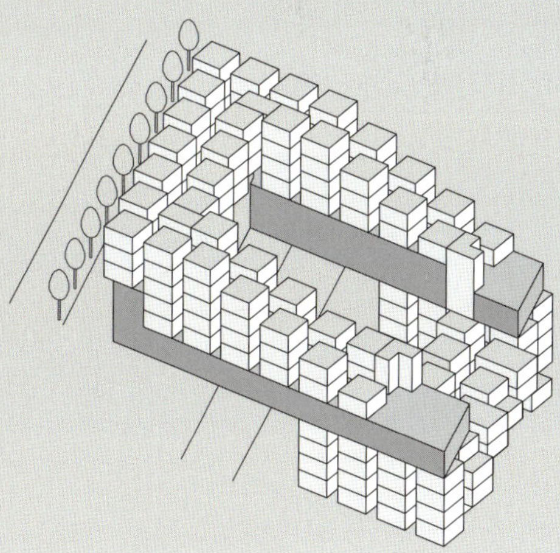

영역적인 차별화를 반영한 유닛 배치

셋째, 영역적인 차별화(Territorial Differentiation)는 유형적인 차별화로 만들어진 유닛 매스(구조 모듈)를 주어진 대지에 순응시킨다는 의도를 적극적으로 표현하여 얻었다. 이런 방식은 HAB 유형 건축물군이 주어진 독특한 지형을 무시하고 일률적으로 배치된 방식과는 사뭇 대조된다. 새로 지어질 건축물이 주변 환경과 단절되지 않도록 조민석은 두 가지 기법을 선보였다고 루비 부부는 짚었다. 첫째, (청암미디어 사옥과 딸기가 좋아 테마파크와 같이) 건축물과 그 배경이 하나의 구축선상에 놓인 것처럼 융합하는 기법, 둘째, (네이처 포엠과 부띠크 모나코와 같이) '모더니즘의 비워진 지상층' 규모를 확장하여 이곳을 도시 매력을 선사하는 다양한 프로그램으로 채우는 기법이다.

하모니홀 배치의 경우에 건축가는 위 두 가지 기법을 복합적으로 썼다. 먼저, 주어진 대지 조건을 최대한 활용하면서도 쾌적한 실내환경을 조성할 수 있도록 2.4m의 사이공간으로 규칙적으로 띄어진 유닛 매스를 중앙의 중정 주위로 둘러쌌다. 유닛 사이의 복도는 중복도 형식이지만 규칙적인 사이공간을 통해 복도는 내외부가 소통하는 장소가 되었다. 영역적인 차별화를 이루기 위해 대지에 순응하는 기준 요소는 벚나무가 줄지어 있는 '걷고 싶은 거리'이다. 이 거리는 기숙사로 들어오는 주도로이며, 이 길을 따라 건축가는 적층된 유닛 매스를 평행사변 형태로 조금씩 계속 튀어나오게 했다. 다음으로, 10층 건축물을 주변 지형에 순응하기 위해 27m의 경사면에 건축물을 계단 모양으로 만들었고, 자연스럽게 동쪽으로 열린 전망을 가지는 계단식 테라스를 두었다. 걷고 싶은 거리 레벨(Level)을 지상층 레벨(7층)로 설정하고, 이곳에서 연결되는 5-6층에는 Student Hub와 식당과 같은 도시적 공동생활의 매력을 선사할 수 있는 다양한 프로그램을 담는, 마치 투명하지만 강력한 등뼈와 같은 ㄷ자형 매스 공간을 창출해냈다. 이런 ㄷ자형 투명 매스는 자잘하게 쪼개지고 튀어나온 불투명의 유닛 매스를 결합하고, 27m의 레벨차를 소통하게 해주는 중심 장소임을 외부에서 확인할 수 있게 해준다.

마지막으로, 재현적인 차별화(Representational Differentiation)란 한마디로 건축물 외관에 독특한 분위기를 주어, 기존 건축물들과 차별화된 매스스터디스의 건축 정체성을 구현하는 것을 말한다. 건축물 유형과 연관된 전형적인 재현 효과에서 탈피하기 위해 건축가는 '집처럼 보이지 않는 집을 설계하여 정체성 대신 불확실성을 유발'하고, 이런 건축물을 보는 이들은 호기심이 생겨 무엇 때문에 이렇게 되었는지 찾아내려고 한다. 루비 부부는 재현적인 차별화를 이루는 방법으로 건축물 외벽에 식물과 같은 독특한 재료를 사용하거나 마감을 특이한 디테일로 처리한 것을 언급했다.

그러나 매스스터디스 건축에서 재현적인 차별화는 단순한 외피 디자인의 문제가 아니라, 유형적인 차별화를 기반으로 하고 있으며 건축가의 말을 빌리자면, '체계적인 불균질성(Systematic Heterogeneity)'을 지향한다.

"지금껏 우리는 서울에서 짧은 시간에 체계적이고 표준화된 방식으로 건축물을 생산해야 하는 요구 때문에 만들어진 상황들, 그 결과로 야기된 스파르타적이며 '오웰적(Orwellian)'인 도시 상황들, 사라지는 도시성의 상황을 주목했다. 또 하나는 전자에 대한 해결책, 또는 다소 소극적인 궁여지책으로 1990년대 중후반부터 시작된 시도가 있었으니 바로 온 세상 최고 재능을 가진 건축가들을 불러 행해온 '불균질성(Heterogeneity)'에 관련된 시도들이다. 건축이라기보다는 패키지 디자인을 통한 브랜딩, 즉 건축에 관한 '아이팟(iPod)'적인 접근에 가깝다. 이 두 틈새에서 우리는 양자에 대한 비판적 태도를 유지하면서 지향점을 구체적으로 자리잡아 왔다고 자부한다. '체계적인 불균질성(Systematic Heterogeneity)'은 제3의 대안적 전략의 하나로 생겨난 단어들의 조합이며 이는 사무실 이름인 두 단어, 'Mass Studies'와 상응하는 모습이기도 하다." (조민석, 2010)

매스스터디스는 새로운 형태의 거주 유닛을 고안하고 이를 매스로 인식하여 다양하게 결합하는 방식으로 재현적인 차별화를 보여주었다. 이런 실제 사례로 어긋난 매트릭스(네이처 포엠), 실종된 매트릭스(부티끄 모나코), 침식된 매트릭스(지웰 타워), 다발 매트릭스(에스트레뉴 타워) 등이 있다. 반면 2018년에 완공한 하모니홀은 '프랙털 기하학적 규칙'을 지향했다. 프랙털(Fractal)은 전체 형태를 이루는 작은 부분이 그 전체와 비슷한 기하 형태를 갖는 것을 말한다. 그리고 프랙털 규칙이란 작은 형태가 모인 부분이 그 작은 형태와 유사한 모양을 형성하고 또 그 모인 부분의 합 역시 단계별로 그보다 더 큰 집단의 형태와 유사하게 되는 성질을 말한다.

건축가도 "멀리서 보면 산세를 따라 주변의 형세와 긴밀하게 대응하여 앉아 있는 이 건축물은 — 픽셀과 같은 정사각형 평면 모듈, 상자들의 집합체이며, 더 가까이서 보았을 때는 마치 프랙털 기하학적 규칙처럼 — 전체 건축물의 볼륨에서부터 개별 공간의 픽셀들, 재료에 이르기까지 다양한 스케일이 제공하는 장면이 최대화"가 되도록 의도했다.

결과적으로 하모니홀에서는 기본 유닛을 설정한 다음 그 유닛의 변주는 최소화한 반면에 이 유닛들의 결합을 프랙털 규칙처럼 더 체계적이며 좀 더 큰 그림을 위해 '산세를 따라 주변의 형세와 긴밀하게 대응'시켰다. 다시 말해, 다양한 매스 중심의 건축물에 비해서는 유형적인 차별화 방식을 절제한 반면 영역적인 차별화를 극대화하여 '체계적인 불균질성'을 달성했다고 해석할 수 있다. 전체적으로 유형적인 차별화는 프로그램적인 차별화로, 영역적인 차별화로, 또 재현적인 차별화로 서로 체계적으로 긴밀하게 작용하도록, 빈틈없이 맞아떨어지게 건축가는 설계를 완성했다.

PLAN

픽셀화된 평행사변형 평면 : 골목길

평면에서는 지형, 등고선의 사선 방향에서 도출한 픽셀화된(Pixellated) 평행사변형 평면 구성을 통해, 두 가지 특징적인 “골목길 공간”의 체계적 구축 방식을 이루었다고 할 수 있다. 픽셀화된 평행사변형의 기하학적 구성을 통해 8개 객실 층의 공용(복도)공간에서 5.4m 간격으로 2.4m 폭의 포켓 공간이 반복적으로 생겨나는 동서방향의 선형 공간과, 픽셀화된 사선이 만드는 지그재그로 가로지르는 남북방향의 선형 공간, 이 두 가지가 그것이다. 도시 조직으로서의 골목길 장소는 한눈에 펼쳐지는 직선의 넓은 길과 달리 친밀한 스케일에서 다양한 사회적 활동과 접촉을 가능하게 하는 성격을 지닌다. 하모니홀 내부 기능상의 논리가 지형의 논리와 융합하여 만들어낸 복도/공용공간이 단순한 통로 구역을 넘어 공동생활공간으로서 적극적으로 기숙사 내부의 다양한 규정되지 않은 만남, 사회적 관계를 만들어 내는 장소, 즉 골목길의 모습을 기대하며 구상하였다.

이 선형 공간에는 화장실, 세면대, 샤워실, 세탁실, 테라스 등의 다양한 기능적 공동영역과 더불어 여기서 머물 수 있는 책상, 의자, 소파, 빨래건조대 등의 집기들을 비치하면서 각 층의 공동체를 위한 다목적 거실이 된다. 편하게 외부에서 신던 신발을 벗는 곳이 우리나라에서는 내 집이 시작되는 경계가 된다. 복도/거실 공간에 접근하는 각 객실 층마다 두 곳에 비치된 엘리베이터 홀에는 신발용 수납장을 두어 이곳에서부터 슬리퍼로 갈아 신고 편안하게 지낼 수 있도록 한다. 이로써 층별로 함께 생활하는 20~104명의 ‘Floormate’들은 각자의 방에서 확장된 여유로운 준 사적/공적(Semi-Private/Public) 공간을 공유하게 되며, 여기서의 다양한 ‘전유’(Appropriation)의 기회를 통해 공손함(Civility)을 모태로 한 풍부한 공동체 경험을 할 수 있다.

대학 캠퍼스의 설계를 맡는다는 것은 건축가에게 있어 매우 즐거운 작업이고 다양한 시도를 해볼 수 있는 기회이다. 그러나 과거와는 달리 변치 않는 상아탑과도 같던 대학도 빠른 사회적 변화에 대응하기 위해 변하고 있고 건축설계도 이를 미리 예측하고 선제적으로 대응해야 하는 어려운 과제가 되었다. 이러한 변화의 사례가 대학 시설에서 공용공간 역할의 변화일 것으로 보인다. 과거 강의실과 실험실이 빼곡히 들어선 강의 중심의 건축계획에서 최근 건립되고 있는 대학 시설에서는 공용공간의 면적이 늘어나고 그 역할이 커지는 것을 볼 수 있다. 유학시절 미국 대학의 모습에서처럼 우리 대학 주변에서도 학생들이 강의실 옆에 마련된 소파나 테이블에 자유롭게 앉거나 서서 대화를 나누고 랩탑으로 학습하는 모습을 쉽게 볼 수 있다. 이는 교육의 방법이 Teaching에서 Learning으로 전환되는 과정에서 교육환경도 이에 순응하는 것이라 보여진다. 하지만 이런 변화와는 달리 기숙사는 공용장소의 증가와 거리가 있었다. 물론 전통적으로 저층부에 식당이나 세탁실, 학습공간, 라운지 등의 시설을 설치하여 생활의 편의성을 도모하는 계획을 적용하였으나, 여전히 상부의 기준층에는 많은 학생들을 효과적으로 수용하기 위해서 좁고 긴 복도를 가운데에 두고 양옆으로 동일한 유닛의 생활실을 배치하는 행태가 크게 변하지 않고 있었다. 대부분의 대학 기숙사의 기준층 평면계획에서 각층에 배치된 적절한 규모의 커뮤니티 공간이 그나마 공용공간으로의 역할을 하였다고 볼 수 있다.

대전대학교 하모니홀에서는 이러한 공용공간의 문제를 설계 초기단계에서부터 가장 중요한 컨셉으로 설정하여 많은 고민 끝에 대안을 도출하였다. 근본적으로 건축가는 과거 우리의 전통적인 골목길이 어떠하였는가에 대한 질문으로 설계의 시작을 끌고 나왔다. 과거 동네 골목은 궁핍의 시기에 각자 집에서 공간적, 사회적, 문화적 부족을 대문 밖으로 확장하여 공유의 공간에서 그 해결책을 찾았는데, 이는 매우 지혜롭고 조화로우며 자연스럽게 골목 공동체를 형성하게 되었다. 매스스터디스의 아이디어처럼 기숙사생의 생활에 골목길 커뮤니티 영역을 적용하고, 문을 열고 나가면 분리되는 구역이 아닌 개별 유닛의 공간을 공용장소에서 함께할 수 있는 방법을 찾아내었다. 현재 일반적인 기숙사의 설계 경향이 개별 유닛에 화장실/욕실을 포함하는 것이었는데, 과감하게 이것을 공용장소로 끄집어내어 넓고 쾌적한 공동 샤워실과 화장실을 만들었다. 이러한 공동 위생공간의 장점은 바쁜 대학생 입장에서 유지관리하기가 어려운 습식공간을 공용 관리영역으로 설정하여 관리의 용이성과 사용빈도를 고려한 공간의 효율성을 얻을 수 있다는 것이다. 공유공간화되어 절약된 면적은 다시 개별 유닛으로 일부 환원되어 다른 용도의 기능성을 향상시키기 위해 사용된다.

2인실 단위 유닛 학습장소의 조망창

일반적인 기숙사의 2인 유닛 면적인 24㎡에 비해 약 10㎡ 적은 전용면적 14.6㎡ 내에서 매스스터디스는 두 개의 분리된 공간을 계획하였다. 다소 협소하지만 공간의 역할을 명확히 구분하여 학습공간을 창가에 배치하고 다른 쪽은 취침장소로 분리하였다. 이는 기본적으로 적은 규모의 장소에서도 기능적으로 다른 두 개의 공간 요구에 충실히 대응하기 위함이라고 보여진다.

취침장소는 완벽한 개인 용도로 만들기 위해 2.9m의 충분한 천장고로 계획하여 2층 침대임에도 여유 있는 수직적 분리가 가능하게 하였고, 상하 취침공간 안쪽에 환기와 채광이 가능한 작은 창문을 두어 최소한의 개인 영역을 형성할 수 있는 환경을 조성하였다. 일반적으로 학생들은 2층 침대를 선호하지 않는데 매스스터디스는 그 이유를 불안정성, 프라이버시의 침해 등으로 분석하고, 이를 보완하기 위해 침대를 건축영역으로 끌어들여 보다 안정적이고 개인 프라이버시가 보호되는 침대 디자인을 제안하였다. 이를 통해 유닛 내부에서의 공간도 학습공간과 취침공간으로 명확히 기능이 분리되고 침대 계단도 수납공간으로 활용될 수 있게 세심하게 배려했다. 또한, 기존 전통적인 기숙사 유닛의 학습장소에 어둡고 좁은 책상이 배정되었던 것에 비해 대전대 하모니홀 학습공간에는 외부 조망이 확보된 학습공간을 중요한 성취 목표로 삼았다. 이를 위해 학습장소는 창가에 면한 하나의 긴 책상을 두 명이 나누어 쓰며, 창 위에는 3단 책장을 배치하여 충분한 수납이 가능하게 하였다.

두 개의 유닛은 3.4㎡ 규모의 "사이공간"을 공유하게 되는데 건축가는 이 "사이공간"을 전술한 골목길 커뮤니티의 모습을 살리기 위한 구역으로 활용하였다. 폭 2.4m의 "사이공간"은 풍부한 자연조명과 발코니 및 다양한 용도로 사용할 수 있는 반-사적, 반-공적 영역이 된다. 이러한 사이공간은 각각의 단위 구조 모듈에서 침대를 위한 작은 창문을 계획할 수 있게 한다. 사이공간은 복도/거실 공간의 다양한 공용시설이 배치된다. 사이공간을 매개로 하여 일상적인 복도공간은 다양한 이야기를 만들어 내고 경로의 이동 중에 다양한 사회적 만남이 형성되게 하는 여유를 제공한다. 건축가는 이를 "복도/공용장소는 단순한 통로 구역이 아니고, 생활공간으로써 적극적으로 기숙사 내부의 규정되지 않은 다양한 만남, 사회적 관계를 만들어 내는 장소, 즉 골목길의 모습이 실내공간으로 재해석된 영역을 만

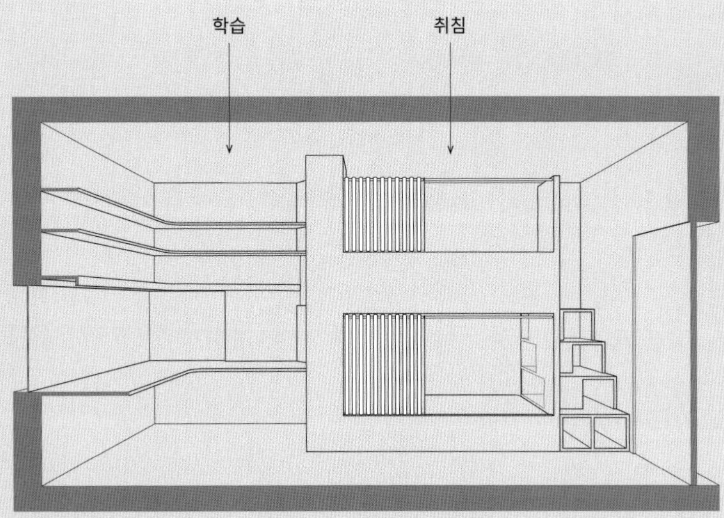

안정성 있는 침대 계단의 수납공간 활용

든다."라고 설명하였으며, 이는 매우 정교하게 연출한 영역이 아닌 여백을 부여하면 그곳의 거주자가 그려내는 흰 도화지와 같은 빈칸을 의도한 것이라 보여진다. 물론 그 장소에는 소파, 세면대(현대적 공동우물), 발코니 등의 건축적 조작으로 풍성한 동기를 숨겨 두었다.

사이공간 - 단층

사이공간 - 외부 발코니

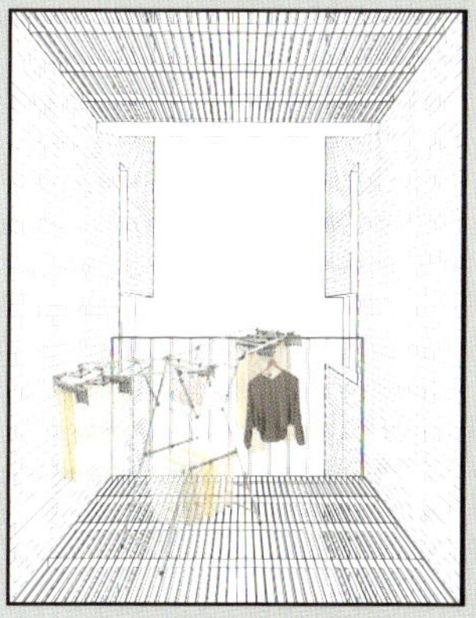

사이공간 - 외부 발코니 2

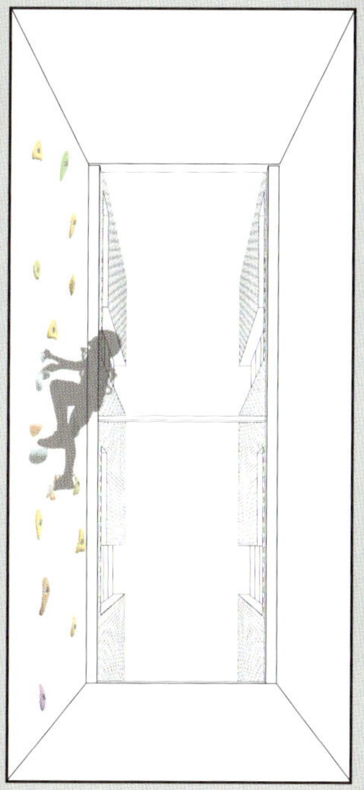

복층 사이공간

개별실 내부의 세면대는 복도의 사이공간으로 빠져나와서 마을의 우물이나 빨래터와 같이 공동체 생활의 매개체가 될 수 있도록 고려하였다.

8층 평면: 픽셀화된 평형사변형 평면 - 골목길 영역

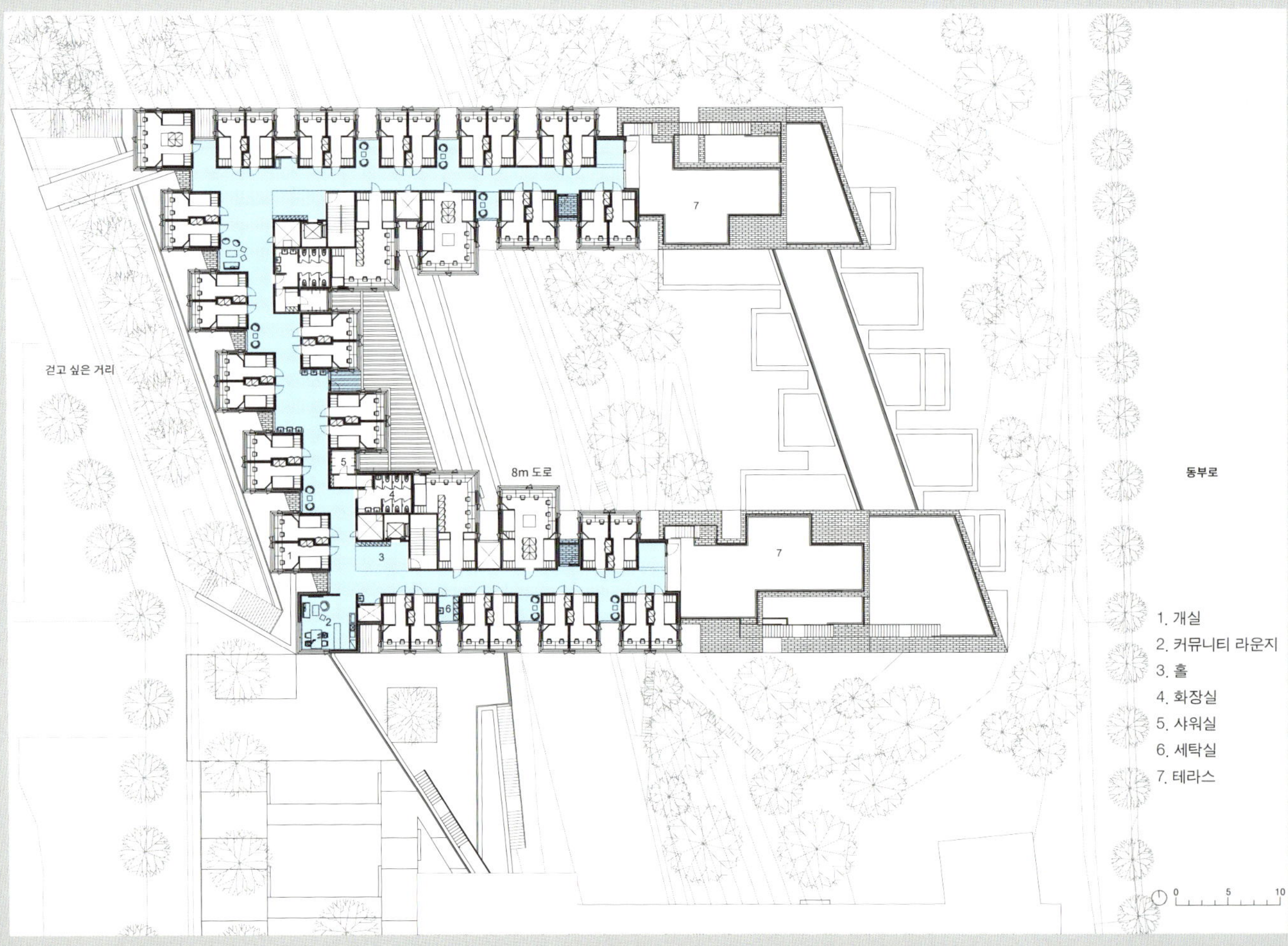

양쪽 날개의 직선형 복도는 짧으며 가능한 유닛이 마주보지 않게 배치하였고 계단식 복도에는 화장실, 세면대, 샤워실, 테라스 등의 다양한 기능을 부여하여 커뮤니티가 자연스레 형성되게 하였으며, 이러한 공유공간과 함께 책상, 소파 등의 가구들을 배열하여 복도가 아닌 "공동체의 거실"을 만들어 내고 있다. 건축가는 이를 'Roommate' 개념을 확장한 "Floormate"관점으로 활용하고 있으며 공동체 의식을 촉진하기 위해 복도/거실 영역으로 접근하는 엘리베이터 홀에 신발장을 두어 가족간의 개념을 강화하고 있다.

복도의 소파와 스터디를 위한 학습장소 : 협소한 개별실의 일상을 골목길(복도)로 확장하기 위한 기구 비치

대전대 하모니홀에서 사생들의 전용장소 이외의 대형 공용공간들은 경사진 대지에 순응하기 위해 설정된 각층 평면 계획에 따라 주진입을 1층이 아닌 중간층에서 진입하게 설계하였다. 또한 Student Hub와 식당은 건축물의 중간부인 5, 6층에 설치하여 기숙사생은 물론 다른 교내 학생들도 접근할 수 있는 공동영역으로 기능하도록 배려하였다. 5층은 식당과 주방이 위치, 기숙사 학생 분만 아닌 교내 캠퍼스 이용자들의 진입을 용이하게 배려하고 있으며 6층의 넓은 기둥 간격으로 확보한 학생 라운지나 세미나실은 일반적인 기숙사 시설과 달리 확장성 높은 유연한 장소를 제공하여 다양한 요구에 대처할 수 있게 계획하였다.

1. 세미나실
2. 스터디 라운지
3. 홀
4. 라운지
5. 테라스
6. 카페
7. 홀
8. 화장실

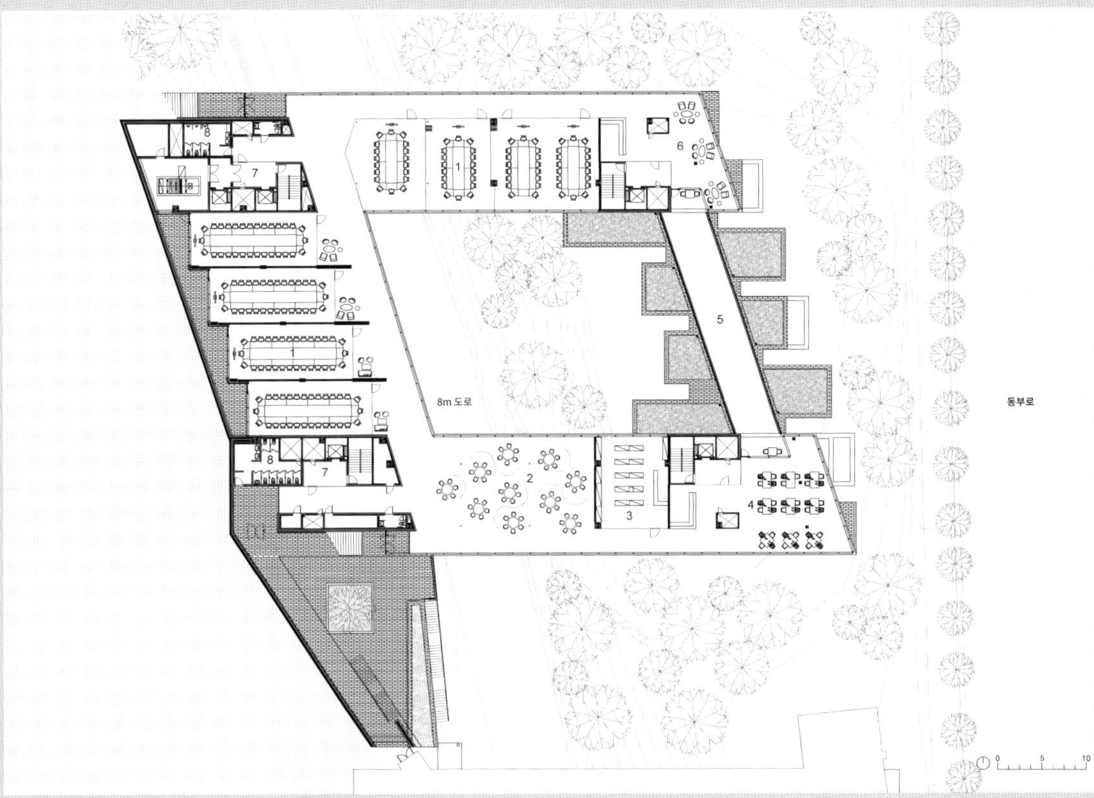

5층 평면도

1. 식당
2. 주방
3. 개실
4. 커뮤니티 라운지
5. 화장실
6. 홀
7. 테라스
8. 세탁실

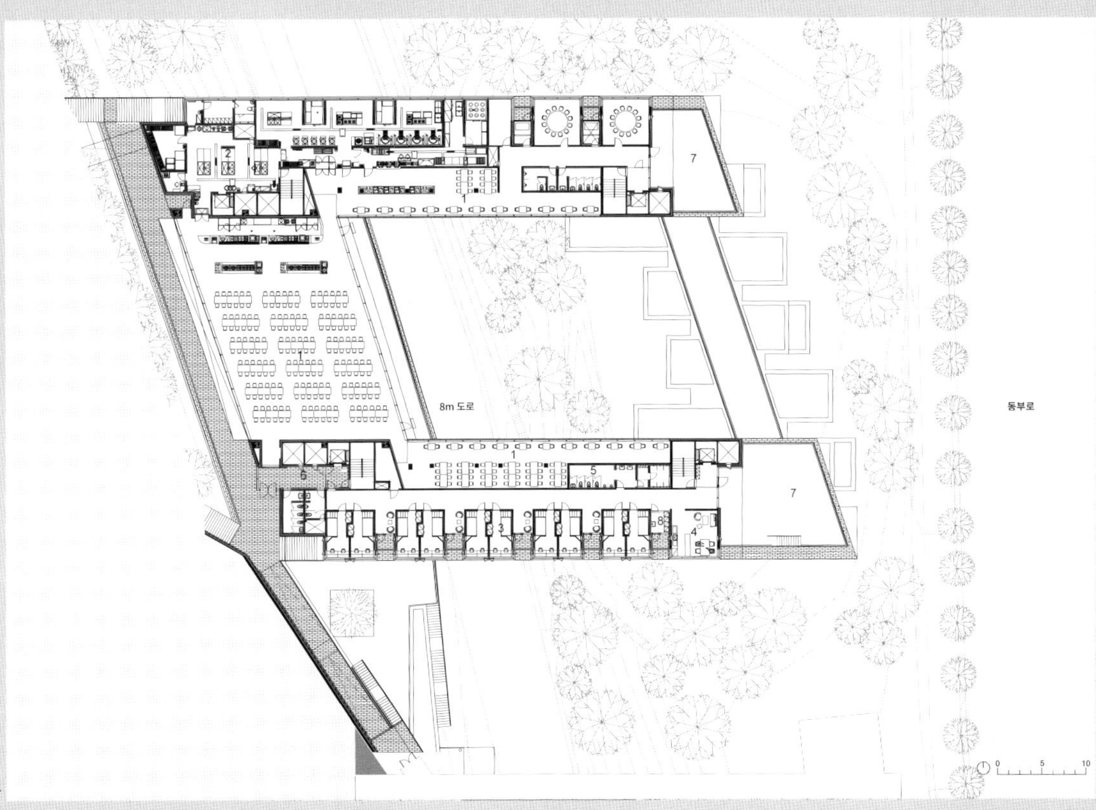

6층 평면도

6층 평면도

SECTION / ELEVATION

픽셀화된 평행사변형 단면 : 달동네

지형에 의해 평면을 픽셀화된 평행사변형으로 만들었다면 단면 역시 픽셀화한 평행사변형이라 할 수 있다. 이 결과로 도출한 계단식 단면은 산지 "달동네 외부공간"의 체계적 구축이다. 주변 지형에 순응하기 위해 27m의 자연 경사면을 수직으로 따라가며 단면으로 픽셀화된 평행사변형이 되면서, 전체적으로 10층 건축물이지만 서쪽 경계선의 기존 캠퍼스에서 4층 건축물로 보이고, 동쪽 경계선의 동부로에서도 4개 층의 모습으로 나타난다. 지형 논리의 프로세스로 인해 단면적으로 픽셀화하여, 결과적으로 층마다 테라스 공간을 형성한다. 이 중 1층~4층까지의 단면은 계단식 형태로 진행되지 않고, 도로로 열려 있는 동측에 각 층마다 불규칙적으로 한 단위 구조 모듈 크기의 공동 테라스를 구성하여, 서측 캠퍼스에 면한 입면과 대조를 이룬다. 평지의 중정형 건축물은 일반적으로 폐쇄적이다. 지형을 따라 계단식으로 흘러내리는 이 테라스형 중정 건축물은 수직방향, 하늘로도 열려 있지만 수평방향, 즉 경사 방향 동쪽 산으로도 열려있는 독특한 개방성을 가진 Hybrid 중정 건축물이다.

결과적으로 건축물은 특정한 경사 지형의 논리와 내부공간의 논리가 융합되어 일관성 있게 평면과 단면의 기하학적으로 전개된 결과, 내/외부공간의 모습이 골목길과 달동네를 연상케 한다. 지난 수십 년 한국 건축 담론에서 회고적 낭만이나, 대부분 사라졌기에 현재 일종의 페티쉬(Fetish)까지도 되어버린 가까운 과거의 이 두 가지 도시 유형의 체계적 재구성을 통해 새롭게 도시 공동체에 관한 촉매 역할의 희망을 가져본다. 일반적인 10층의 공용시설을 포함한 기숙사 건축물이 대부분 1, 2층에 공용시설, 상부에 개실들로 구성한다면, 이 프로젝트 경사지 대지의 제약 조건은 하모니홀 하부 1층부터 4층에 남학생 기숙사 개실, 상부 7층부터 10층에 여학생 기숙사 개실, 그리고 중앙 5, 6층에 학생 전체가 이용하는 Student Hub과 식당을 단면적으로 구성했다. 이 중앙부의 공동시설은 외부 캠퍼스의 걷고 싶은 거리, 그리고 하트홀과 인접, 편리하게 연결된다. 또한 내부에 거주하는 남, 여학생에게는 중심의 공동시설로, 각 4층 이하의 수직이동 거리로서 편리하게 걸어서 오르내리며 이용할 수 있다.

하모니홀의 단면 및 입면계획은 자연의 대지 위에 올려놓는 건축 행위를 하는데 있어서, 건축가가 인간으로서 구사할 수 있는 '이성'과 '논리'를 역동적으로 강조하는 가운데, 어떤 창의적이고 흥미로운 해법을 제시할 수 있는지를 동시에 보여주는 사례다. 이 해법은 신속하게 기능으로 구현되어 건축물 본연의 역할과 취지에 충실하도록 하며, 더 나아가 건축이 인간에게 단순 물리적 기능만을 제공하는 '물건'이 아닌 인간 삶을 살찌우기 위한 인문학적 범주, 사회학적 의미로서도 해석되는 상징성까지 던져주고 있다. 건축은 단순 논리와 이성만으로는 형성되기 곤란한 것임은 우리가 이미 다 아는 바, 하모니홀 계획에 동원된 건축가의 창의적 사고와 실현된 내용들 또한 이 건축물의 독특한 개성과 캐릭터로 훌륭히 자리매김하고 있다. 기숙사 건축물인 하모니홀이 들어설 대지는 거대한 단일 건축물을 계획하기조차 난해한 지형적 특성을 갖고 있다. 대지 자체가 평면적으로는 평범해 보일지 모르겠으나 단면의 실상은 가파른 경사지로서, 그 고저의 차이가 27m에 이른다. 이러한 대지 조건에서 평균적인 단면계획의 접근방식은 일반적으로 다음 두 가지가 흔히 등장한다. 하나는 등고선과 평행하도록 폭이 좁은 한 두 개의 판상형 건축물을 배치하고 같은 평면을 반복하여 위로 쌓아 올리는 것이며, 다른 하나는 대지를 대규모로 깎아내어 평탄하게 조성한 뒤 원하는 규모의 건축물 평면을 대지에 배치하는 형태다.

두 방법 중 전자의 경우 단면계획 측면에서 볼 때 대지를 절토하여 훼손하는 양은 상대적으로 적지만 건축물 평면이 등고선을 따라가도록 폭이 좁게 구성해야 하므로, 우리에게 익숙한 중복도 또는 편복도 방식으로 방들을 복도에 따라 길게 나열하는 수밖에 없다. 이러한 계획의 경우 층수와는 무관한 각각의 층이 독립적으로 작동되며, 각 층이 다른 층과 공간적으로 연계될 개연성이 없고 단면적으로는 층들을 수직으로 쌓아 올린 매우 단순한 모습이 된다. 물론, 공간 경험 측면에서도 각 층으로 제한된 내부공간은 무미건조하고 다른 층과의 소통에 의존하지 않는 구조이며 이 유형은 대체로 '효율'을 내세우기 위한 목적에 유리할 뿐이다. 불행하게도 이런 단면계획은 호텔, 기숙사, 교육시설 등 반복되는 단위공간으로 채워진 건축물을 구성하는 가장 흔한 계획 방식으로서, 우리 주변이 사실상 이런 건축으로 둘러싸여 있다고 해도 과언은 아니다. 이에 반해 후자의 경우는 판상형 계획의 틀을 벗어난 계획이 가능하지만, 주어진 경사지를 우선 평평하게 만든 후 건축물을 배치하는 것으로, 이것을 위해서는 대지의 대규모 절토를 피할 수 없고 그에 따른 자연훼손 부담은 클 수밖에 없다. 이 방식의 계획이 흔히 선택되는 큰 이유는 건축가가 대지의 특성을 활용하여 창의적 노력으로 단면계획에 접근하기보다는, 기존 유사 건축의 계획 유형을 그대로 도입함으로써 얻는 효과를 중요시하거나, 자연훼손 및 대지의 특성을 설계의 개념으로 존중하지 않기 때문이다. 이 방식 또한 우리 주변 경사지에 건축된 많은 사례들 로 흔히 찾아볼 수 있는데, 그것은 아마도 경사지를 다룰 때 웬만한 대지의 절토를 당연시 여기는 것이 대체적인 요즘 건축주나 발주처, 그리고 수많은 '편의'를 추구하는 평균적인 건축가들의 태도 때문일 것이다.

하모니홀 단면과 입면 계획에 있어서 매스스터디스 조민석 건축가의 선택은 결코 평균적이거나 우리 주변에서 쉽게 찾을 수 있는 흔한 계획 유형에서 보기 좋게 벗어나 있다. 우선 난해한 경사지의 조건을 오히려 적극 활용하여 창의적인 단면계획에서부터 접근한 것이 핵심이다. 경사지에 놓인 대학 캠퍼스 건축물이 갖춰야 할 기본적인 태도에 대한 의지와 자연과 대지의 영속적인 가치를 우선순위에 두고 있음을 알 수 있다. 쉽게 말해 대지의 경사를 따라 계단식으로 타고 내려오는 모습의 이 건축물은 접근하는 도로에서 볼 때 낮은 4~5층 규모의 건축물로 보이도록 설계되어 있다. 단면계획에 의해 각 층의 모듈화된 공간 단위들이 테라스를 제공하며 경사면을 따라 내려가는 풍경을 제공함으로써 주변 구릉지의 풍경과 맥락을 같이 한다. 특히 캠퍼스 내 응용과학관 앞 '걷고 싶은 거리'에 면한 하모니홀의 모습은 전체 규모를 가늠하기 힘들 정도의 나지막하고 단아한 3~4층 스케일의 건축물로 읽힐 뿐이다.

특히 전체 단면계획의 아이디어로 하모니홀의 기능에 독특한 의미를 더한 부분은 'Student Hub'와 '식당' 영역의 배치이다. 건축물 전체 단면에서 볼 때 가장 넓은 평면을 얻을 수 있는 중앙 5, 6층에 가장 공적이고 오픈된 공간을 배치, 아래 1~4층 남학생 기숙사와 위의 7~10층 여학생 기숙사의 단면상 중심에 위치함으로써 서로 대등한 거리를 두고 있다는 점이다. 또한 이 영역은 대지의 중앙에 위치한 8m 도로의 바로 위층에 계획되어 손쉬운 외부로의 진출입과 편의성을 갖는다. 건축가는 특히 평면과 단면에서 대지의 중앙을 가로지르는 8m 도로를 열린 옥외공간으로써의 기능을 그대로 발휘할 수 있도록 건축물을 역동적으로 들어 올렸는데, 이것은 대지의 경사면을 타고 내려오는 전체 건축물 계획과 8m 도로 위 5, 6층에 배치된 'Student Hub'와 '식당' 영역의 대공간을 활용한 것이었다. 특히 여기서 눈여겨봐야 할 부분은 바로 8m 도로 위에 건축물이 뜬 채로 존재하면서도 단 하나의 기둥 없이 도로 위를 가로지르고, 5, 6층 공적 공간들은 높은 층고의 열린 대공간이 된 점이다. 이것은 5, 6층 공적 구역에서 직접 눈으로 확인할 수 있는 대형 트러스와 공간이 위에서부터 매달리는 원리인 '인장기둥' 덕분으로서, 높고 거침없이 펼쳐진 오픈 스페이스가 암시하는 공간 용도의 특별함 뿐만 아닌 공간 구축의 특별함까지 '융합'시켜 기숙사 전체에서 '공적 영역'의 의미와 그 위계를 상징적으로 승화시켜 주고 있다.

평면 구성에서 본 바와 같이 동일한 원리의 '픽셀화'된 공간 단위들은 단면 및 외관계획 전반을 통해 개별 유니트들의 실질적인 기능이 드러나 보이도록 구성되어 있다. 계단식으로 대지 경사면을 따라 내려가면서 각 층들은 자연스럽게 테라스 구역을 얻으며 주변 자연경관과 하나가 되는 옥외 장소의 쓰임새를 상상하게 한다. 각기 다른 층의 옥외 테라스들은 다시 외부계단으로 서로 연결되어 오르내릴 수 있는데, 이를 통해 다양한 외부장소들을 발견하는 즐거움은 물론, 사생들은 자신의 영역이 바로 옆 이웃들과 연계된다는 공적 영역의 연결이 있음을 암시해 준다. 이를 통해 학생 자신이 비탈진 산 위에 고즈넉이 자리 잡은 '커뮤니티'의 일부임을 자각하게 한다. 실내의 개별 공간으로 들어가면 치밀한 '픽셀화'된 공간의 개념이 개별 기숙사 내부의 단면구성으로 이어진다. 즉, 여유있는 층고의 방은 단면적으로 다시 나뉘어 다양하면서도 풍부한 거주공간의 탐구가 지속해서 일어나도록 하고 있다. 즉, 학생들의 개별 거주 및 취침 영역을 위/아래로 포개어두는 풍부한 단면계획을 통해 가장 작은 사적 장소인 취침 구역을 마무리짓게 되는데, 이것은 경사진 대지를 시작으로 역동적인 건축물 단면계획으로 이어온 다양한 위계의 공간 여정을 마지막까지 일관되게 연계시킨 개념이다.

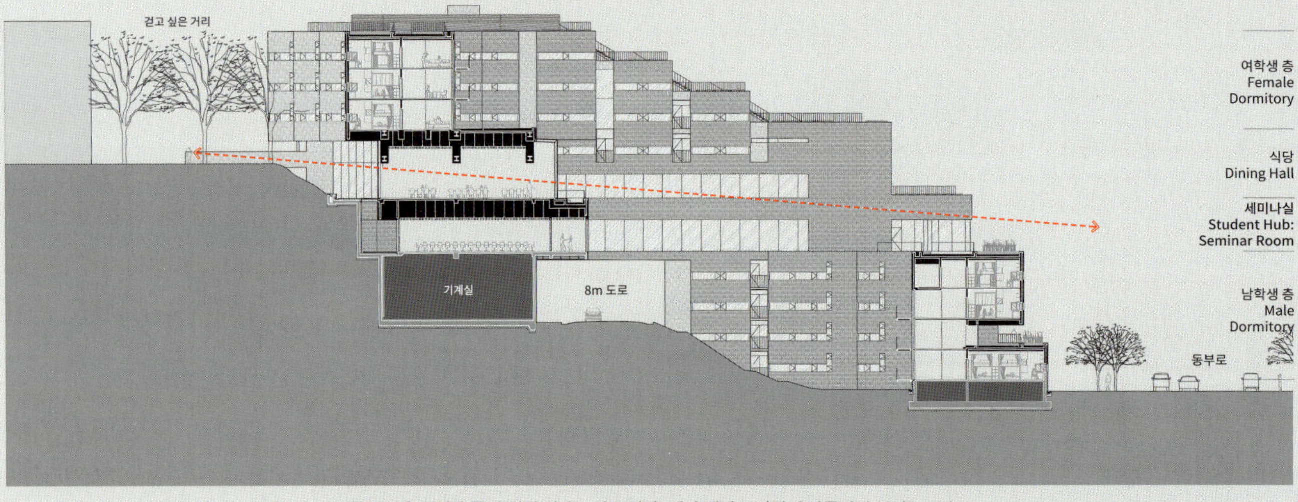

그림 (a) 6층 식당과 중정 단면 〈'걷고 싶은 거리' 에서 캠퍼스 바깥이 관통되어 보이는 모습〉

사회구성원으로서의 역할을 준비하는 대학 기숙사로서 하모니홀이 담아내고 있는 사적, 공적 영역들의 상징성은 건축 설계 개념으로 명확하며, 주어진 조건을 활용한 건축가의 창의적 산물이다. 건축물 전체를 지배하는 공간 배열 방식과 효율성, 그리고 시스템화된 계획 프로세스는 차갑도록 논리적이고 군더더기 없는 이성이 지배한다. 그러나 전체 공용장소로부터 각 내부 거주공간으로 전이되는 과정마다 그 위계를 상징하듯 다양하고도 창의적인 방법으로 채워져 있다. 가장 공적인 행위가 나타나고 많은 동료들을 접할 수 있는 'Student Hub'와 '식당' 영역은 믿기 힘들 정도의 개방감으로 외부경관을 끌어들이고, 최상위 위계를 상징하는 듯한 높은 층고의 사회적 공간으로서의 자세를 사용자들에게 베푼다. 특히 전체 단면에서 나타나듯 캠퍼스를 걷다 마주치는 '걷고 싶은 거리' 위치에서, 캠퍼스 바깥 '동부로' 방향으로 6층 식당을 관통하여 내려다보는 뚫린 경치를 제공한다. 이것은 열린 식당 공간의 단면계획과 중앙 배치, 그리고 투명한 외벽처리 등의 여러 계획적 요소들을 활용한 단면계획의 본보기로서, 캠퍼스 내에서 제일 흥미로운 경관이 바로 기숙사 내에서 가장 사회적인 기능 공간(식당)을 관통하여 바라보게 하여, 이 장소로 하여금 특별한 공적 역할을 덤으로 부여하는 건축계획적 희열을 맛보게 한다. 〈그림 (a) 참조〉

하모니홀의 외관은 기능적인 '기숙사' 건축물로서의 스케일을 바탕으로 한다. 군더더기와 장식적 요소를 철저히 배제함으로서 원리와 기능에 집중하는 건축가의 철학을 읽을 수 있다. 잘게 쪼개진 단위 유니트의 외관 이미지들은 기숙사를 채우는 개개인의 존재와 다양성을 상징하지만, 그것들은 신속히 그룹을 형성하고 전반적으로 건축물 전체의 매스가 되어 구릉지의 모습을 닮아 마무리된다. 그러나 이 과정에서 큰 시설로서의 위압감이나 눈길을 끄는 형상으로 인지성을 강요하기보다는 배경이 되는 외관재료의 색상과 현대적 기능의 상징성을 담은 리본윈도우(Ribbon Window, 또는 띠창)의 상당히 일관된 언어로 제한하고 있다. 이것은 하모니홀 자체의 의도된 기능뿐이 아닌 캠퍼스 내에서 하모니홀의 의미를 다시 한 번 전달하고 있다. 위에서 살펴본 여러 특징들을 볼 때, 하모니홀에서 공동체 생활 속에 사는 학생들은 자신이 머무는 기숙사 경험을 통해 어느 순간 사적인 것과 공적인 것, 커뮤니티에서 사회생활로의 연계에 대한 각별한 의미를 깨닫게 될지도 모르겠다. 여기서 흥미로운 것은, 삶의 '그릇'으로서 건축가의 아이디어로 이만큼 완성도 있는 메시지를 상상하게 한 그 시작은 바로 가파른 경사의 대지를 바라보면서 떠올렸을 '단면에 대한 생각'이었을 것이다.

그림 (b) Student Hub 단면

테라스형 중정

일반적인 평지의 중정 형식이 수직방향으로만 개방되어 폐쇄적일 수 있다면, 경사지에 적응한 테라스형 중정은 수직과 수평, 양방향으로 개방된 건축물 유형이다. 이 건축물은 전체 10개 층이지만, 변화하는 대지 레벨에 적응하여 지면과 관계를 이룬다. 경사 지면으로부터 최소 4층에서 최대 8층의 높이를 가진 이 건축물은 주변 환경을 압도하지 않으면서 산세와 조화를 이룬다.

여기서 테라스는 모든 레벨에서 기숙사 생활공간에 근접하여 휴식, 여가의 장소로써 크고 작게 나타난다. 공동시설이 있는 레벨에서는 공공의 여유로운 외부공간이 제공되고, 각 기숙사 층에서는 소규모 공동을 위한 친밀한 규모의 외부공간을 제공한다. 또한, 중정은 건축물 내/외부 시설들의 구심점으로서 상징성을 가지며, 주변 산지 지형에 기존하는 숲의 연장으로 표현된다.

외부공간: 중정과 그 너머

외부공간은 건축물 주변의 자연과 최대한의 연속성을 유지한다. 7층 레벨 '걷고 싶은 거리'의 벚나무들은 보존되어 경관을 유지하면서 건축물 서측 개구부의 강한 일사량을 조절하는 역할을 한다. 건축물은 경사 지형과 최소한의 접촉을 통해 기존의 지형, 식재들을 보존한다. 중정에는 기존의 참나무 수림을 재구성하여 기존의 경사지 숲에 자연스럽게 새로운 환경이 유입되도록 한다. 마찬가지로 남측 인접 하트홀의 사이공간도 기존 숲의 연장으로 채워진다. 건축물 테라스 구역의 가장자리에는 억새 또는 지피식물을 심어 건축물과 주변 조경 사이에서 완충 역할을 도모한다.

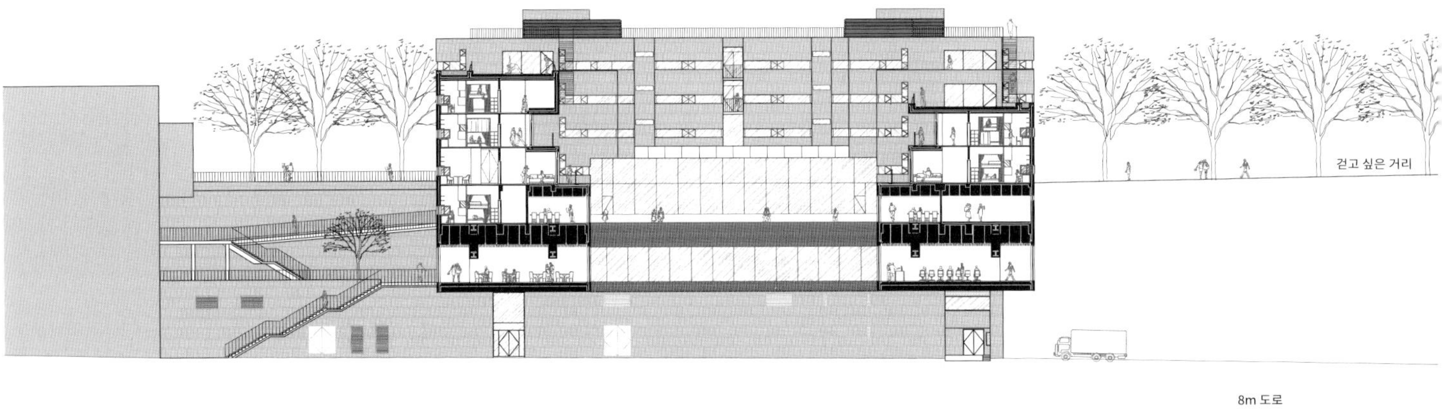

4개의 트러스와 중정 단면

기숙사 테라스에서 중정을 넘어 동측 Student Hub와 식당을 바라보는 뷰

기숙사 중정을 넘어 보이는 전경

가파른 경사지의 지형과 함께, 중앙을 관통하는 도로에 의해 분절되는 난해한 대지에 600명의 학생들을 수용하는 기숙사를 담아내야 했던 이 프로젝트는 땅의 형상에 대한 평면적, 단면적 해석에서 대지와 건축이 관계 맺는 방식의 단서를 찾고 있다. 이러한 접근은 일반적으로 설계의 제한 요소로 작용하는 대지의 물리적 조건을 단순히 고려와 해결의 대상으로 파악하는 소극적인 자세에서 벗어나, 오히려 경사지 대지가 가지는 특징을 건축의 개념, 형태, 공간 등과 적극적으로 연결시킴으로써 디자인의 기회로 전환시키는 입장이라 할 수 있다. 이와 같은 관점에서 살펴보면, 대전대학교 제5생활관 하모니홀은 요구되는 프로그램과 밀도에 대응하기 위해 대지의 평면적, 단면적 형상에 순응하는 건축 형태의 기하학적 논리를 도출하고, 이를 대지의 경사를 따라 계단식으로 배열하여 적용한 건축가의 전략을 발견할 수 있다. 이를 통해 건축가는 대지에 내재된 산지의 지형과 숲의 기억을 유지하고 주변의 맥락과 조화를 이루는 풍경을 만들어 내고 있다. 즉, 27m에 달하는 대지 레벨의 변화에 따라, 기숙사의 단위공간 모듈에서 입면의 재료에 이르기까지 평면과 단면에 일관되게 적용한 '픽셀화'의 개념과 형태 어휘를 통해, 자칫 매시브하게 보일 수 있는 이 건축물은 실제의 규모보다 훨씬 더 작게 인지되는 효과를 얻고 있다. 또한 캠퍼스의 언저리에 위치한 하모니홀은 테라스형 매스와 중정, 그리고 다양한 스케일로 내부공간과 연계되는 풍부한 외부공간을 통해 캠퍼스의 경계를 새롭게 정의하고 있다. 그것은 딱딱하거나 위압적인 모습이 아니라, 수직과 수평방향 모두에게 열려있어 주변의 산세와 지형적 흐름을 방해하지 않는 연속적인 경관이자 부드러운 경계로 작용한다.

건축 평면에 대한 유형학적 분류에 있어서 중정형 건축물에 해당하는 하모니홀은 계획의 초기 단계에서부터 외부공간으로서의 중정이 설계의 중심적 요소로 설정되었다. 경사를 따라 계단식으로 배치된 매스에 의해 편안한 스케일로 위요(圍繞)되는 이 공간은 그러나 일반적인 중정과 달리, 풍부한 개방감과 함께 하모니홀의 다른 외부공간들과 유기적으로 연계되는 확장성을 동시에 확보한다.

지형에 적응하며 기숙사의 각 층에 만들어지는 크고 작은 테라스는 이 중정의 공간을 통해 입체적으로 연결되며 기숙사 건축물 전체의 외부공간 체계를 형성한다. 또한 이러한 외부공간들은 각기 그 쓰임과 제공된 장소에서의 의도된 친밀도의 정도에 따라 규모를 달리하며 위계와 질서를 만들어 낸다. 기숙사 사생실 단위 유닛의 사이공간으로부터 각 층의 공용 테라스를 거쳐 중정에 이르기까지, 외부공간의 흐름은 가장 사적인 거주의 영역에서 하모니홀 생활공동체 자치활동의 중심인 Student Hub와 식당에 도달하기까지 다양한 규모와 집단의 사회적 교류를 위한 프로그램과 대응하며 전개된다. 기숙사에서 생활하는 학생들에게는 일상이 될 이러한 연속적인 외부공간의 경험은 개인이 속한 다양한 공동체 집단이 공간을 매개로 상호 교류와 협력, 대화의 관계를 촉진할 수 있는 사회적 환경을 제공함으로써, 건축적 개입을 통해 보다 폭넓은 차원의 대학교육에 도달하고자 하는 이 프로젝트 본래의 취지와 목적 달성에 기여한다.

외부공간의 흐름에 대한 체계적 구성과 더불어 식재와 조경을 통한 표면의 처리에 있어서도 주변의 맥락과 경관의 연속성을 존중하는 건축가의 섬세한 철학을 엿볼 수 있다. 하모니홀 중심 구역인 중정과 인접하는 하트홀과의 사이공간에는 대지가 갖는 산기슭의 기억을 환기하는 기존의 참나무 수림을 재구성하여 식재하였다. 이를 통해 오랫동안 대전대학교 캠퍼스의 경계이자 경사지에 조성된 숲으로 존재하며 누적된 대지의 시간을 현재로 연장한다. 이처럼 기존의 녹지와 자연경관을 최대한 유지하려는 자세는 대지에 접한 '걷고 싶은 거리'의 선형에 순응하는 매스의 배치와 이 길을 따라 조성된 벚나무들을 보존하여 건축적 장치이자 확장된 파사드로 통합시킨 서쪽 입면에서도 나타난다. 결국 하모니홀은 캠퍼스의 익숙한 풍경 속에 기숙사라는 인공적 환경이 매끄럽고 자연스럽게 스며들어 새롭게 통합된 경관으로 융화하도록 기존의 물리적, 심리-문화적, 생태적 맥락의 연속성을 유지하려는 노력과 디자인 접근의 결과라 할 수 있다.

동부로에서 바라본 기숙사의 동북 코너

MATERIAL

진회색의 전벽돌로 이루어진 대전대학교 하모니홀은 산등성이에서 건축물의 존재를 최대한 감추고 있다. 멀리서 보면 산세를 따라 주변의 형세와 긴밀하게 대응하여 앉아 있는 이 건축물은 픽셀과 같은 정사각형 평면 모듈, 상자들의 집합체이며, 더 가까이서 보았을 때는 마치 프랙털 기하학적 배열처럼 각각의 픽셀 표면이 더 작은 스케일의 픽셀, 즉 벽돌로 이루어진 반복적이고 규칙적인 패턴으로 이루어진다. 전체 건축물의 볼륨에서부터 개별 공간의 픽셀들, 재료에 이르기까지 다양한 스케일이 제공하는 경험을 최대화하기 위하여, 벽돌 사이 사이의 줄눈은 전벽돌과 가장 가까운 색상을 지닌다. 건축물의 남북측 입면은 규칙적인 수직 Corrugation(물결 또는 주름)을 갖는 Custom 전벽돌로 계획하여 일반 전벽돌을 사용한 동, 서측 벽면과 미묘한 음영의 콘트라스트(Contrast)를 이루게 했다.

중복도 형식의 단점을 개선하기 위해 단위 유닛과 같은 밀도로 계획되어 있는 복도의 채광창과 테라스는 밖을 향하여 조망을 제공하고 안으로는 풍부한 채광조건을 만들면서 내외부의 경계를 모호하게 만든다. 단순하고 명확하게 공간의 형태를 정리하고 있는 내부의 노출콘크리트는 이러한 채광조건과 공간의 경험을 최대화하기 위하여 백색의 칼라스테인으로 마감되어 있다. 이를 통해 다소 무겁고 차분한 외관과는 달리, 예기치 않게 내부 객실 공간은 밝은 백색의 음영이 강한 극적인 공간들을 연출한다. 상대적으로 설비가 많이 배치되는 식당과 Student Hub에는 천장면을 은회색의 알루미늄 루버로 계획하여 공조/소방 등의 설비가 최대한 노출되지 않으면서도 제 기능을 발휘할 수 있도록 하였다.

동부로에서 바라본 하모니홀 저층부

자연과 인간생활의 유기적 연결

건축물의 재료는 재료가 가지는 원재료의 속성을 통해 일차적으로 건축물의 의미를 표현하게 된다. 자연의 원재료인 돌이나 나무, 흙벽돌은 자연친화적이면서도 인간에게 익숙한 상징적 의미(돌-강하고 묵직함, 나무-친근하고 강인함, 흙벽돌-친숙하고 부드러움)를 전달하기도 한다. 따라서 어떤 재료를 선택하느냐의 문제는 보는 사람들에게 건축물을 어떤 성격으로 보여지게 할 것인가와 연계된다. 이 프로젝트에서는 자연공간 속에 위치한 캠퍼스의 특징으로부터 재료의 결정이 이루어졌다. 주변의 산세를 따라 구별되어 보이기보다는 긴밀하게 하나가 되어 보이고자 하는 의도를 내포하고 있었으며, 짙은 녹색의 나무색과 진한 갈색의 흙색이 바탕이 되는 자연에 맞추어 진회색의 전벽돌로 조화를 추구하였다.

이러한 의도는 건축물이 자연에 대조되기보다는 자연과 일체화된 모습으로 보이기 원하였음을 뜻하며, 이는 기숙사라는 기능적 요소에 더해 학생들의 거주공간이 일종의 마을처럼 자연 속에 녹아들기를 바란 의도로 보인다. 다만 기숙사의 거주공간이 하나의 픽셀처럼 상자화되어 표현되어 있고, 이것들이 집적화 하는 과정이나 나누어지는 과정의 반복을 통해, 전벽돌 하나로서 또는 전벽돌들이 면으로서 매스로서 드러나는 것을 볼 때, 비록 자연 속에 상주하지만 우리의 삶을 개체로부터 집단으로 전개되는 픽셀로 표현하고자 하는 의도를 포함한다고 여겨진다. 전벽돌이 갖는 재료의 질감과 색상이라는 낱개적인 성격으로부터 빛과 교우하는 면적, 입체적 스케일로 커져가며, 단계적으로 효과가 다른 이미지를 표출할 수 있도록 하였던 과정은 흥미롭다.

그러나 건축물재료의 속성에서 연상되는 이미지가 아니라 재료의 구축적 의미로 볼 때, 목조가 가구로 짜맞추어지는 것이 자연스럽듯이, 벽돌조는 조적되는 특성에 따라 지상으로부터 쌓아 올려지는 의미를 갖는 것이 자연스럽다. 이 프로젝트에서 보여지는 벽돌은 구축적으로 사용한 것이 아니라 건축물의 외피를 만드는 장식으로 사용되었다는 것이 한계다. 이미 벽돌이 장식으로 오랫동안 사용되었기 때문에, 이처럼 쓰인 것이 새삼스럽지 않고 오히려 자연스럽게 보이지만, 타일처럼 사용되는 벽돌은 아무래도 벽돌이 갖는 입체감의 특성을 가볍게 만들면서 재료의 물리적 특성을 살리려고 하기보다는 재료가 갖는 면적, 촉감적, 형태적 이미지를 활용하려는 시도로 해석해야 한다.

건축물 외부의 진회색 전벽돌 재료 사용과는 반대로 내부는 하얀색 페인트로 마감된 콘크리트 벽체를 구성하고 있는데, 이는 자연 속에 건축물이 놓여지더라도, 그리고 자연과 조화되도록 건축물을 구성한다 하더라도 우리의 일상생활은 인공적인 환경을 조성하여 영위할 수밖에 없다는 사실을 상기시킨다. 특히 중복도로 구성한 기숙사 내부공간을 깨끗하고 밝은 분위기로 만들며, 충분한 채광을 유입하기 위하여 매끄러운 표면에 밝은 색상을 도입한 것은 사생들의 생활적 의미가 외부의 상징적 표현과 대비될 수 밖에 없음을 보여준다 하겠다.

이 프로젝트의 재료 사용은 매우 간단한 규칙을 보여주고 있지만, 재료 자체의 속성이 갖는 내포적 의미를 기반으로 자연과 인간생활이라는 유기적 의미가 1978년 제임스 러브룩이 제시한 가이아 이론을 바탕으로 재료의 선택에 관련되어 해석될 수 있다는 것을 나타낸다.

트러스와 인장기둥

건축물 중앙의 2개 층(5, 6층)을 제외한 나머지 10개 층 건축물의 형태는 5.4m x 5.4m의 모듈을 갖춘 간단한 RC 벽식 구조 시스템이며, 구조적인 도전은 중앙에 위치하면서 위 아래 벽식 구조시스템 사이에 끼여있는 2개 층의 벽으로 구획되지 않는 공공공간을 삽입하는 것이었다. 또 다른 과제는 건축물에 대한 서비스 동선뿐만 아니라 기존 캠퍼스로의 내부도로로 쓰이는 건축물의 4층 레벨에 나 있는 8m 도로를 유지하는 것이다. 이 난제를 해결하기 위해 8m 도로를 가로지르며 하부에 기둥 없이 5층 천장의 트러스에 매달린 구조를 채택하였다. 트러스는 약 3m의 depth로 4개소가 설치되어 5층 슬래브를 매달린 구조로 잡고 있으며 동시에 5층 상부의 하중을 지지한다.

트러스와 5층 슬래브는 직경 200mm인 매우 얇은 둥근 인장 기둥으로 이어진다. 이로 인해 5층의 Student Hub는 개방적이고 유연한 계획이 가능하고, 5층과 6층에 있는 공공장소의 개방성과 유연함은 건축물의 나머지 부분과 대비되며 가벼운 재질로 계획된 공간으로써 건축물의 나머지 부분을 보완한다. 중정형 평면의 내부 모서리 네 곳에 각각 엘리베이터, 비상계단, Shaft 공간이 나열되며 이 중 서남측 코너의 엘리베이터는 공용공간을 이용하는 외부인 및 장애인이 공용으로 사용한다. 서북측 코너에는 추가로 하역용 엘리베이터를 설치하여 총 5개의 엘리베이터를 두었다. 3층 레벨에 위치한 기존의 8m 단지 내 도로는 하역 공간 및 기계·전기실로의 주 접근로가 된다. 기계실은 남측 인접 기숙사와의 사이공간에 배치된 전기실로 연장하여 두 기숙사를 일체로 관리하기 쉽도록 유도했다.

INSIGHT

주범

대전대학교 제5생활관 하모니홀은 진회색의 전벽돌로 외관이 마감되어 있으며, 산등성이에서 건축물의 존재를 감추고 주변 지형에 순응하기 위해 27m의 자연 경사면을 수직으로 따라가며 단면으로 픽셀화된 평행사변형을 이루고 있다. 5층 Student Hub층의 바닥은 4개의 트러스에 의해, 20∅ 인장기둥 2개씩 총 8개에 의해 지지되며, 6층 식당은 27m 길이 트러스 3개가 지지한다.

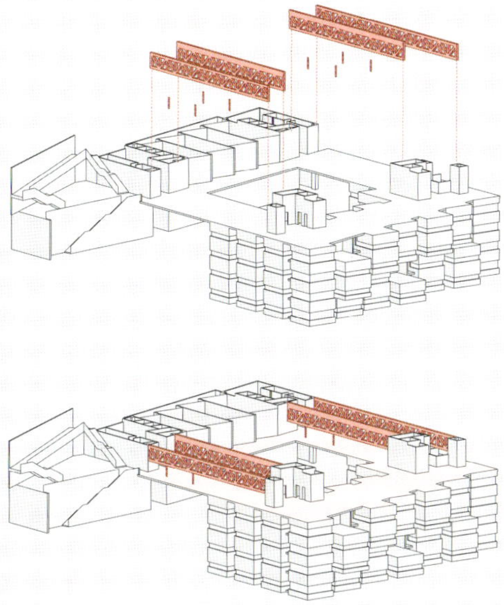

5층 Student Hub 층 트러스 구조

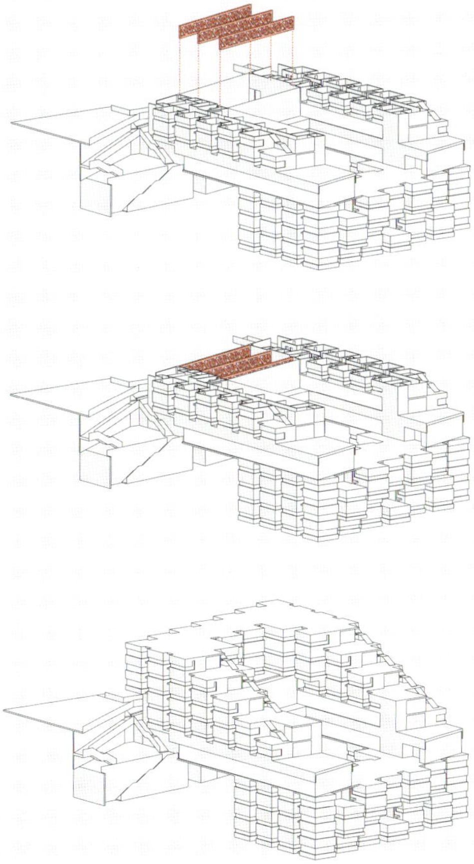

6층 식당 트러스 구조 개념

5층 Student Hub, 6층 식당 트러스 시공 사진

지붕 및 벽체용 드레인

테라스 부분은 철근콘크리트로 바닥구조를 하고 있으며 내부에 압출법보온판으로 내단열을 하고 실리콘수지로 마감하였다. 외부에는 철근콘크리트 바닥 위에 3겹 개량아스팔트 시트방수를 하였으며, 보호 모르타르 무근콘크리트를 250mm 두께로 덮어 고기계미장 후 전벽돌로 바닥마감을 하였다. 그리고 구배를 외곽으로 주어 빗물이 건축물 외곽으로 흘러모인 후 드레인을 타고 외부로 흐를 수 있도록 마무리하였다. 외벽에 수평으로 보이는 드레인을 안쪽에 설치하는 벽체형 드레인을 사용함으로써, 외벽 마감재료가 끊김 없이 전체가 하나의 면으로 보이게 하는 탁월한 빗물처리 디테일이라고 할 수 있겠다.

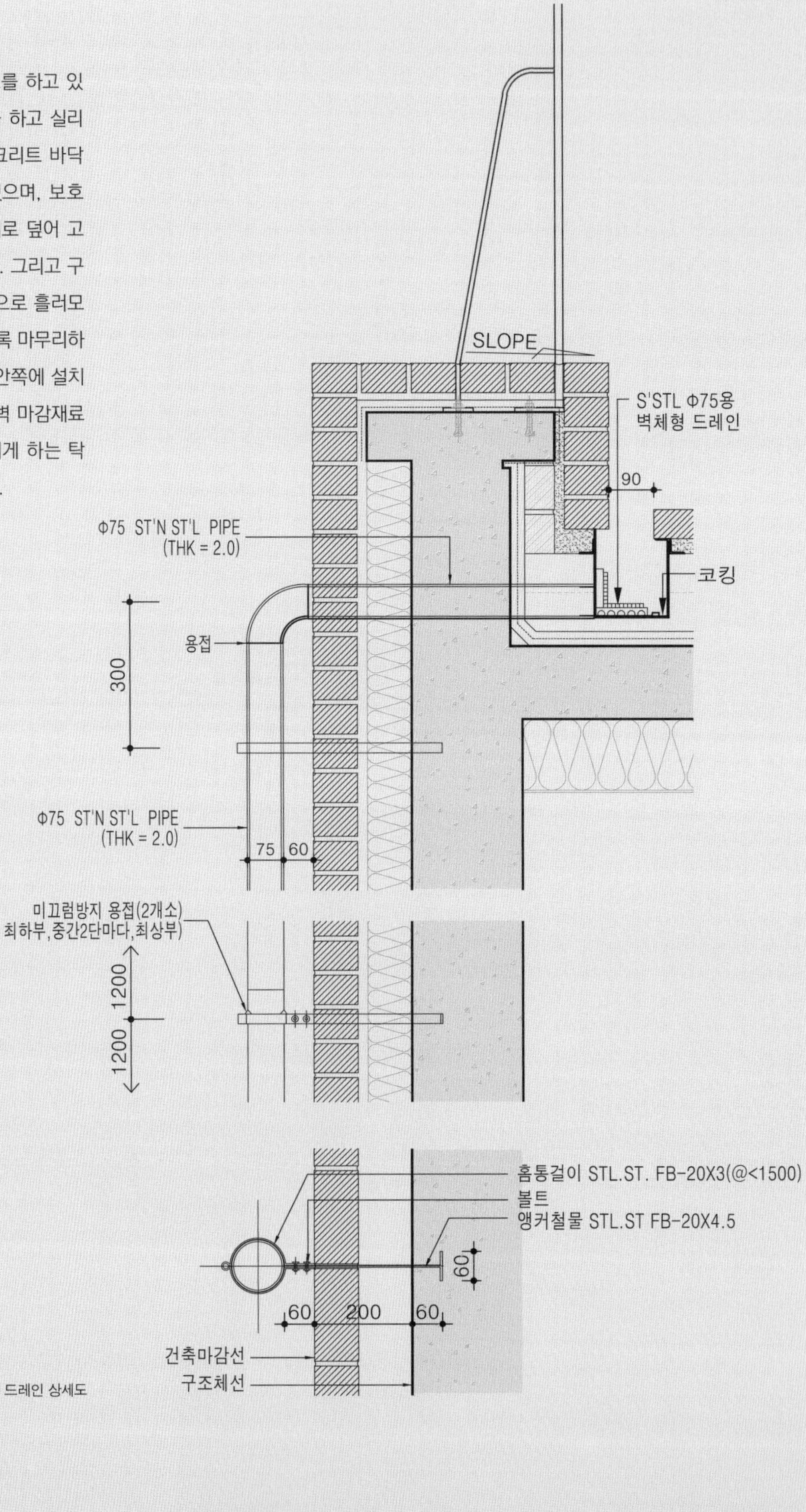

지붕 및 벽체 드레인 상세도

외벽

외벽은 전체적으로 공히 철근콘크리트 구조에 90mm 폴리우레탄 뿜칠로 외단열을 하였으며 진회색 치장벽돌로 마감하였다.

동부로에서 바라본 하모니홀 - 건축물 외벽(진회색 치장벽돌)

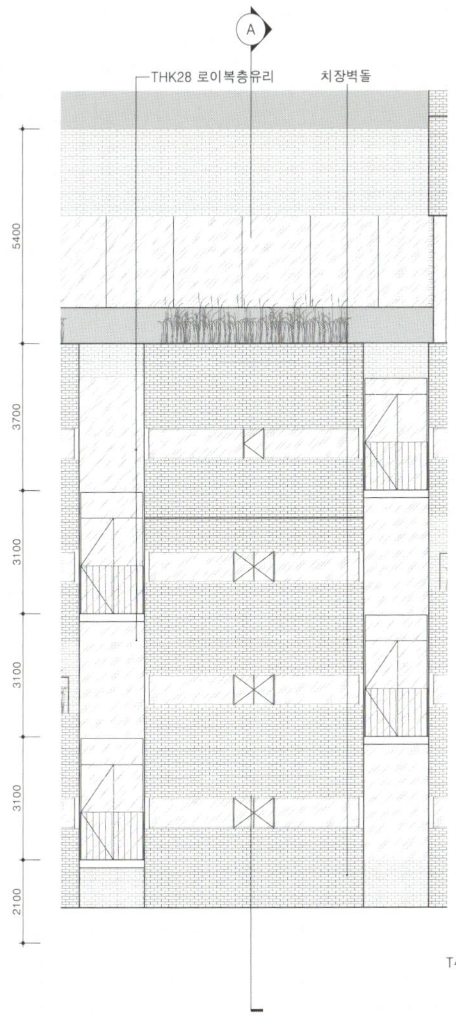

외벽 확대 입면도

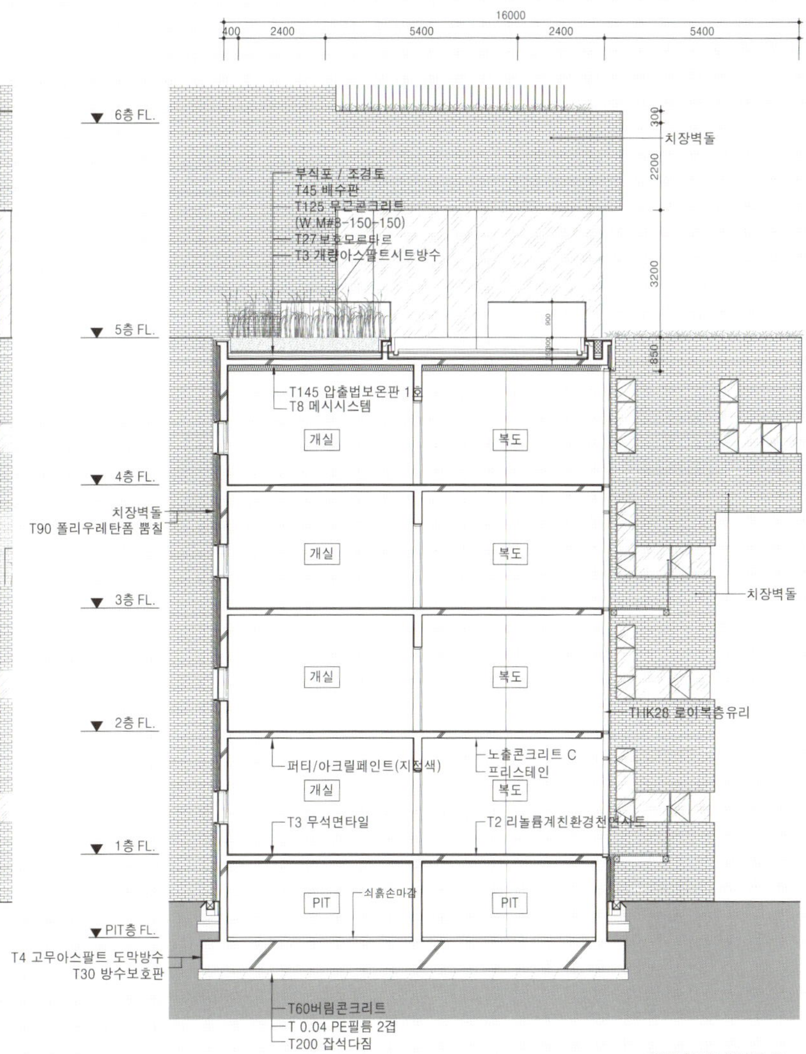

외벽 확대 단면도 Ⓐ

포켓테라스

각 실 사이에 계획된 포켓테라스는 커뮤니티 라운지로, 외부에 직접 면한 공간으로서 철근콘크리트 벽체 외부에 90mm 두께로 외단열을 하였으며, 외부 마감은 외벽 마감과 같은 짙은 회색 전벽돌로 처리하였다. 양쪽 외벽 사이에 위치한 포켓테라스의 바닥은 아연 도금 철제 그릴판으로 마무리하였으며, 철제난간의 세트앵커는 구조체인 철근콘크리트에 고정시키고 9×50의 철제바를 전벽돌 사이의 줄눈에 통과시켜 마감재를 최대한 보호하는 디테일을 보인다.

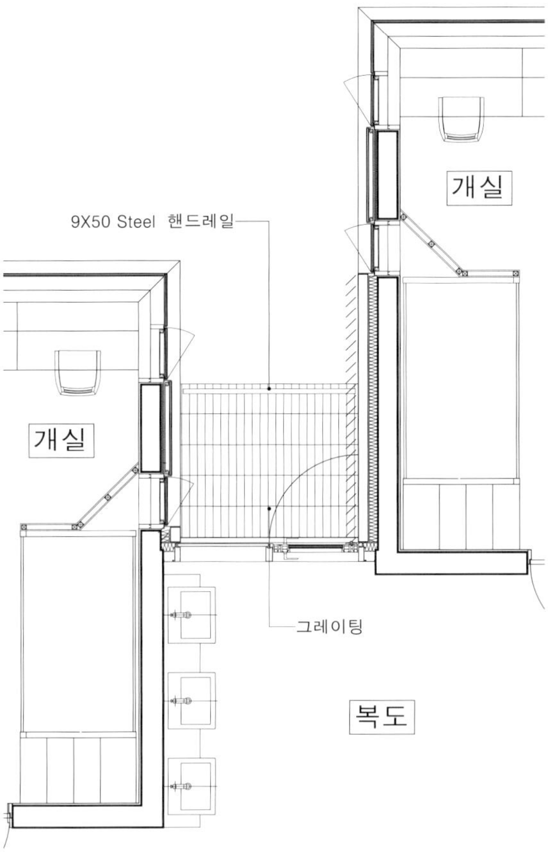

포켓테라스 평면도

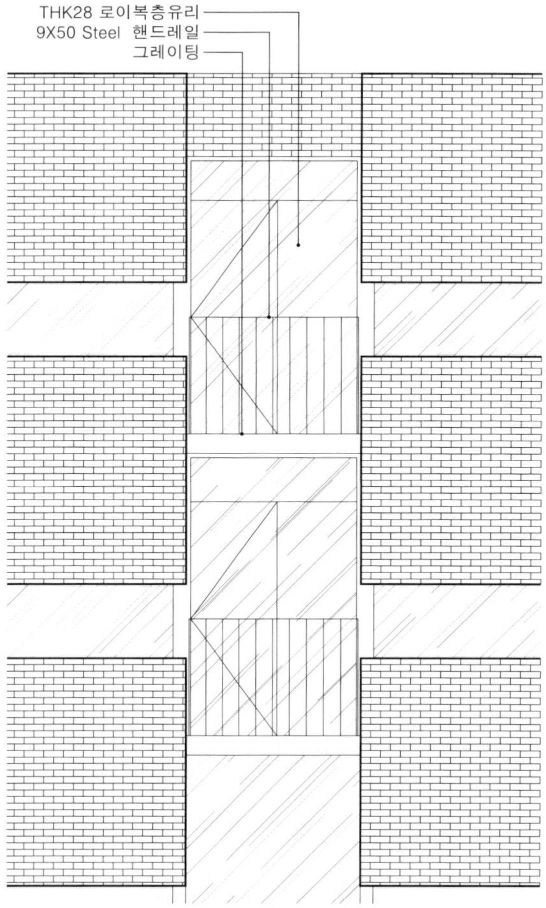

포켓테라스 입면도

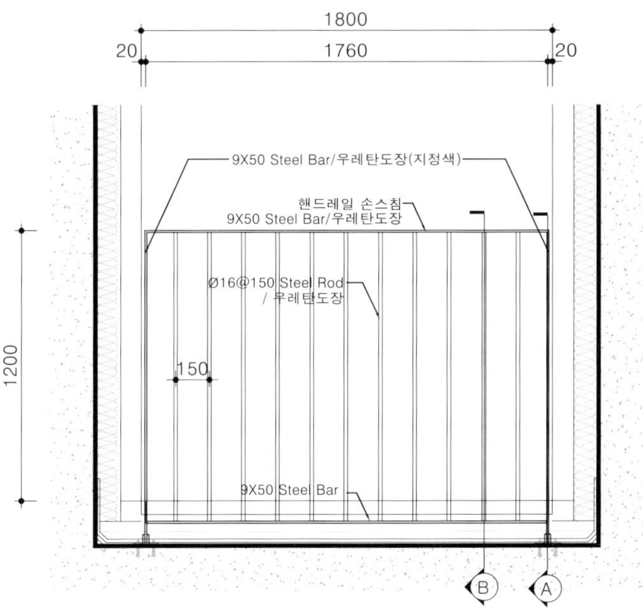

포켓테라스 난간 상세도

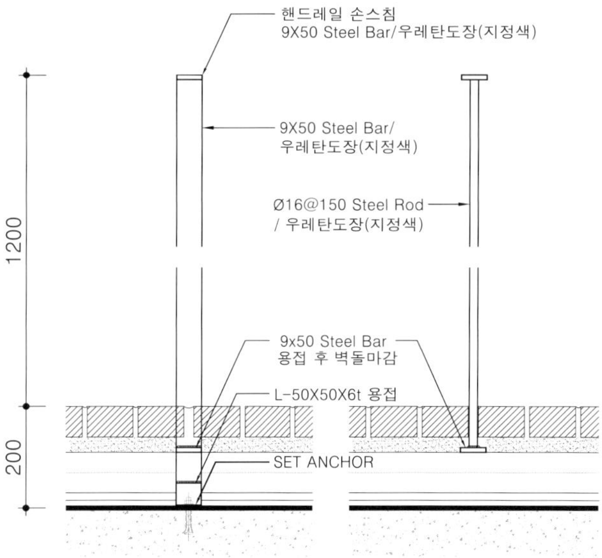

Ⓐ 단면 Ⓑ 단면

계단

내부계단은 철근콘크리트로 만들었으며 30mm 두께의 철판과 디딤판으로 마감하고, 마감재의 코너 부분에 5mm 두께의 아연도금강판을 넣어 마감 디테일이 돋보이도록 했다. 또한 철제난간은 계단의 측면에 두 개의 세트 앵커볼트로 30mm 철제바(Steel Bar)를 고정하고 있으며, 철제바의 손잡이 부분은 ∅34mm의 강관을 용접하여 우레탄 페인트로 마감하여 완성하였다.

외부계단은 다른 계단과 같이 철근콘크리트로 구성하고 외벽마감재와 같은 전벽돌로 마감했다. 계단의 높이와 벽돌의 높이를 맞춰 계단 높이를 해결하였고, 철제난간은 철근콘크리트를 외부로 돌출시켜 ㄴ-자 각관을 앵커로 철근콘크리트 계단에 부착한 후 철제난간을 용접하여 마무리지었다.

내부계단

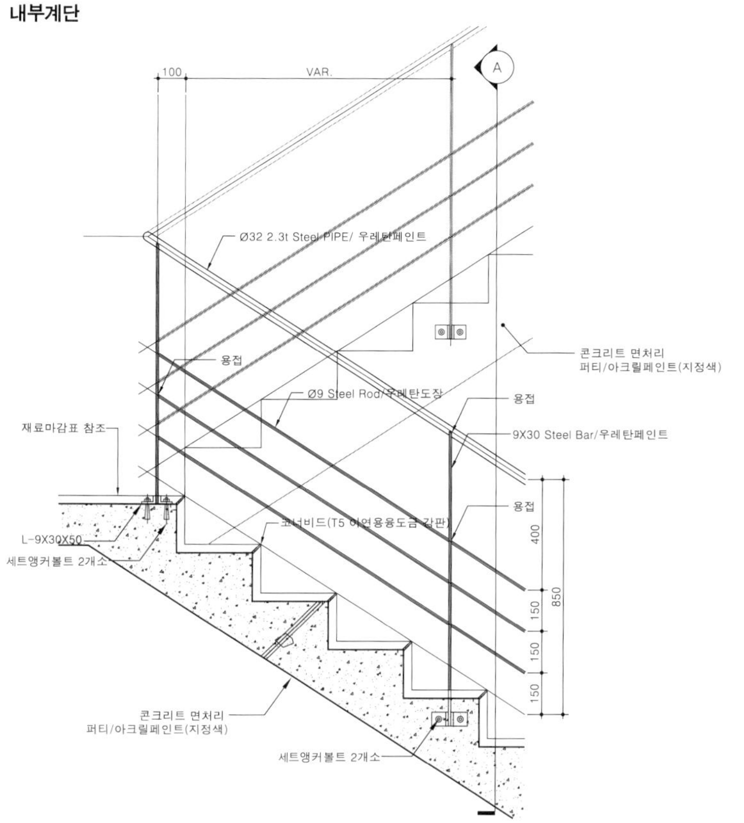

내부계단 마감 및 핸드레일 상세도

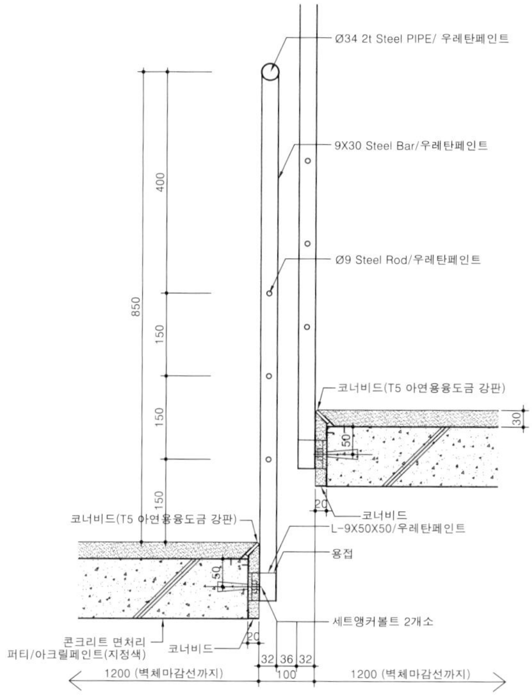

Ⓐ 단면

외부계단

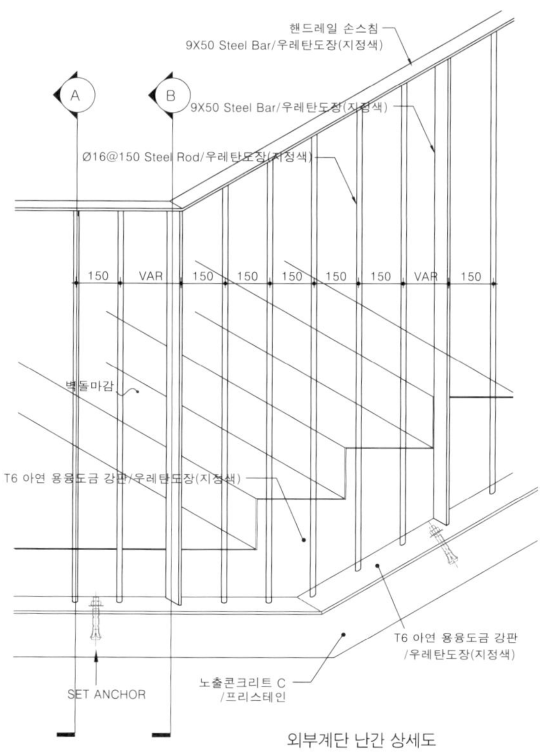

외부계단 난간 상세도

* 9x50 수직 Steel Bar 간격은 1,500 이하
* 핸드레일 손스침이 꺾이는 지점에는
  9x50 수직 Steel Bar로 보강할 것

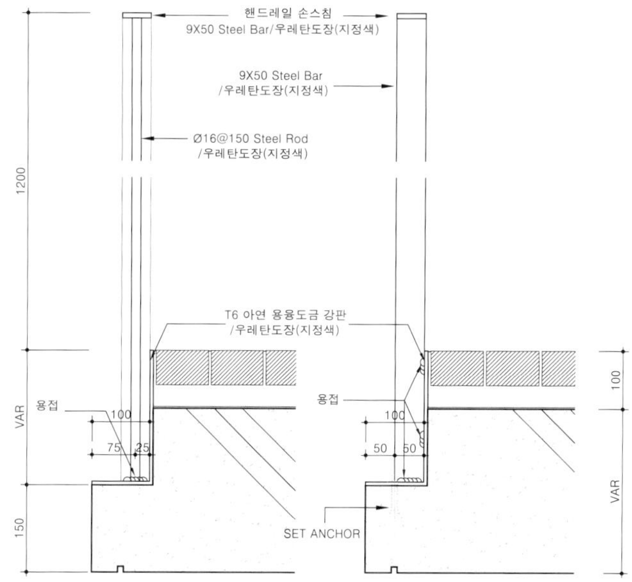

Ⓐ 단면

Ⓑ 단면

EPILOGUE

2020년 5월에 | 조민석

1987년 대학 시절, 첫 유럽 여행에서 병에 담긴 물을 사서 마셔야 하는 것을 생소해 하며 처음 접한 기억이 있다. 이 여행 이전까지 유일하게 경험했던 나라, 한국보다 자본주의가 더 발달한 곳의 호사스럽게 다양화된 취향 정도로 이해했던 것 같다. 그때보다 경제적 상황이 비교될 수 없이 좋아진 한국에서는 지금, 상품으로서의 수십 종류의 물이 당연시되는 평범한 일상의 모습이 되어 있다.

이후 30년 후 3년 전, 시네마테크 지명 현상설계 발표 후 질의응답 시간에 한 심사위원이 우리가 추가로 제안했던 옥상을 이용한 야외극장에 관해 의구심을 보인다. 미세먼지 시대에 이 야외장소가 얼마나 유용할 것이냐는 질문이다. 미세먼지 때문에 외부는 없고 통제 가능한 실내만 있는 버크민스터 풀러가 상상한 도시만 만들자는 말인가.. 속으로 반문하며 질문에 대답했다. '예전처럼 많은 날이 가능하지는 않겠지만, 청명한 날들이 흔하지 않기에 더욱 소중하며, 그래서 이 공간이 더욱 귀하게 여겨지고 쓰일 것'이라고. 그리고는 문득 풀러의 맨해튼을 뒤덮는 거대한 유리 돔보다는, 조금 더 한국의 현실에 가깝게 이미 발전한 공기 청정기 산업에서 심화되어 양질의 공기를 물처럼 사서 흡입해야 하는 일이 평범한 일상이 되어버릴 미래를 불안하게 떠올렸다. 브랜드화된 다양한 원산지와 다양한 향들, 병주고 약주기 식으로 몸에 좋다는 생소한 이름의 물질들이 가미된, 그럴싸한 디자인의 비닐 포장지에 담겨 매일 아침 문 앞에 배달될 공기를 상상하면서.

지난 10주 동안은 가까운 과거까지만 해도 무한정 있어 보여 당연시되던 양질의 물과 공기처럼, 몸과 정신을 가진 인간의 삶에 중요한 또 하나의 요소가 어느 날 갑자기 제한적으로 되어 대체재가 절실해지는 상황을 경험했다. 물리적 공간을 매개로 이루어지는 인간 사이의 사회적 접촉이 그것이다. 이 기간 전 지구적으로 경험한 인간의 접촉이 없는, 아니면 없어야 하는 도시 공간의 광경들은 그간 절대 가치와도 같았던 장소, 밀도, 사회에 관한 생각과 이를 위해 지난 반 세기 동안 도시화에 온 세상이 쏟아부은 모든 노력들을 완전히 부인하지 않는다면 혹독하게 재평가하게 했다. 이는 옛 인간 접촉 방식을 잠식하며 세상을 급진적으로 변화시켜 온 가상 공간의 경험에 다수가 중증 중독 상태에 있는 지금 이 시점에, 확인사살처럼 판데믹이 온 것이 다행으로 생각되기까지 하는 혹독함이다.

판데믹 이후 폭발적인 이용으로 주가가 엄청나게 올랐다는 화상회의 앱을 태블릿에 깔았다. 미국 서부, 동부에서 한국과는 비교도 안 될 정도로 어렵게 오랜 기간 자가 격리 상태에 있는 친구들과 만나기 위해서다. 세 개의 시간대에서 이루어지는, 그들에게는 금요일 늦은 밤, 초저녁 식사 모임이고, 서울의 나에게는 토요일 브런치 모임이다. 예전처럼 함께 모여 음식을 만들고 술을 서로에게 부어주는 대신 각자 준비하거나 배달받은 식사를 하면서, 소위 '새로운 평범함'의 일상을 함께 출발하듯 이야기꽃을 피우니 두 시간이 후딱 지나갔다. 금방 적응할 만하고 이거라도 가능하니 다행이라 생각하면서. 종료하고 잠시 후, 함께 했던 한 친구로부터 대화방에서의 순간들이 타임랩스 형태로 편집된 파일을 받는다. 마치 노련한 사진가가 절묘한 순간들을 포착한 듯, AI에 의해 선별된 특별히 즐겁고 기억에 남을 순간들이 스크린 캡쳐 이미지들로 순식간에 정리되어 몇 초의 주마등처럼 돌아간다.

아뿔사. 이 사적 만남의 자리에, 알고는 있었지만 굳이 인지하지 않으려 했던, 초대하지 않은 또 다른 개체가 우리와 말없이 함께하고 있었음이 유쾌하지 않게 확인되는 순간이다. 이 파일은 친구들과 목적 없이 만나 얼굴 보며 함께 하는 시간을 갖기 위해 '자발적 감시당하기' 방식으로 지불한 방값의 영수증 같은 거다. 화폐 대신에 지불된 우리의 친밀한 시간은 세계 어느 알려지지 않은 곳 허허벌판 어딘가의 어마어마한 크기의 피자 상자같이 생긴 건축물 속에서 정보로서 저장되어 열을 뿜으며 어떤 목적을 위해 분주히 채굴 당하고 있을 것이고.

지난 세기는 지구상의 물, 공기를 포함한 자원과 공간이 체계적으로 자본화되는 시기였다. 이 과정 이후 남아있는 영토인 '시간'의 자본화 역시 총체적으로 21세기 삶의 재구성을 통해 이루어지고 있다. 판데믹 경험은 이러한 전 지구적 변화에 마치 다른 선택지는 없는 양 더욱 강력한 당위성을 부여할 것이다. 그래서, 이후 일상에서 전개될 소위 '새로운 평범함'의 세계를 위해 새로운 각오로 모든 것을 완전히 다시 출발해야 하는 말은 좀 호들갑스럽게 들린다.

예전과 다른 종류의 일상으로 서서히 돌아가야 함은 자명하지만, 우리의 일상은 오래된 평범함과 새로운 평범함 사이 어떤 지점에서 끊임없이 협상, 조절될 것이다. 그리고 이 과정에서 개인 또는 집단으로서의 주체에게 주어질 많은 선택의 기회들을 낙관해야 한다. 오래된 평범함의 세계에서 최선으로 여겨졌던 것들이 남겨져 공존할 수 있다면, 새로운 평범함의 세계에 의해 완전히 대체되어서는 안 될 이유가 있어서일 것이다. 건축물이 이 범주에 남고 싶다면, 존립 이유가 갈수록 희박해져 멸종 위기의 종자처럼 귀하게 여겨지는 것 이상으로, 지속적으로 건축물을 통해서만 가능한 일, 어렵겠지만 시공간 자본화의 통제 상황 외부에서 존재할 방법들을 다시 점검해야 할 것이다.

대전대학교 하모니홀

ARCHITECTS INSIGHT

설계 프로세스에서
발견한 건축의 통찰력

엮 음 (사)대한건축학회
발 행 일 2020년 12월 20일
주 저 자 조민석 대표 (매스스터디스)
공동저자 (가나다 순)
김란수 교수 (명지대학교)
김진욱 교수 (서울과학기술대학교)
박 열 교수 (광운대학교)
박종기 교수 (순천향대학교)
유용현 교수 (울산대학교)
이재훈 교수 (단국대학교)
이준석 교수 (명지대학교)
정재용 교수 (홍익대학교)
주 범 교수 (건국대학교)
사진작가 신경섭, 최창우, 김기찬
출판|제작 공간예술사
신 창 근
편집|기획 공간예술사 편집기획팀 (02) 363 1020
전 화 (02) 737 1020
팩 스 (02) 737 1500
주 소 서울시 종로구 사직로 97 MG빌딩 304호
출판등록 제9-315호
홈페이지 www.spacearts.co.kr
이 메 일 spacearts@korea.com
I S B N 978-89-7799-116-3 93540

정 가 16,000원

○ 건축개요

설 계	매스스터디스 (조민석, 박기수)		
수 상	제41회 한국건축가협회상 수상작(2018)		
설계담당	천범현, 최창우, 최은주, 김윤환		
위 치	대전광역시 동구 용운동 96-3번지 외 32필지		
용 도	교육연구시설	주요마감	치장벽돌
대지면적	7,006.81㎡	구조설계	터구조
건축면적	3,212.21㎡	시 공	삼양건설산업
연 면 적	14,002.26㎡	기계설계	하나기연
규 모	지상 10층	전기설계	하나기연
건 폐 율	45.8%	설계기간	2013~2014.10
용 적 률	199.8%	시공기간	2015~2018.02
구 조	철근콘크리트조 | 철골조	건 축 주	대전대학교

*** 매스스터디스 조민석 대표 (주저자) 프로필**

학력 | 경력

1966년, 서울 출생
연세대학교 건축공학과 졸업, 서울, 대한민국 (1989)
컬럼비아대학교 건축대학원 졸업, 뉴욕, 미국 (1992)
폴쉑 앤드 파트너스, 뉴욕, 미국 (1993-1995)
OMA, 로테르담, 네덜란드 (1996-1998)
조 슬레이드 아키텍처 설립(공동 대표), 뉴욕, 미국 (1998-2003)
매스스터디스 설립(대표), 서울, 대한민국 (2003)

주요 작품

픽셀 하우스, 파주, 대한민국 (2003)
실종된 매트릭스 : 부띠끄 모나코, 서울, 대한민국 (2008)
상하이 엑스포 2010 한국관, 상하이, 중국 (2010)
에어 포레스트, 덴버, 미국 (2008)
다음 스페이스닷원, 제주, 대한민국 (2012)
오설록 : 티 스톤, 이니스프리, 제주, 대한민국 (2012)
사우스케이프 오너스 클럽 : 클럽하우스, 남해, 대한민국 (2013)
스페이스 K 서울 미술관, 서울, 대한민국 (2020)

수상 이력

일본 신건축주택 디자인공모전 대상 (1994)
뉴욕 젊은 건축가상 (2000, 조 슬레이드 아키텍처)
미국 건축가협회 건축연맹상 (2004)
DAM 국제 하이라이즈 어워드, 최종 5인 후보 선정 (2008)
독일 엠포리스 스카이스크레이퍼 어워드 은상 (2008)
2010 상하이 엑스포, 건축부문 은상 (2010)
제14회 베니스 비엔날레 국제건축전 황금사자상 (2014)
화관문화훈장 수상 (2014)